新版 電磁気学の基礎

斉藤幸喜・宮代彰一・高橋 清 共著

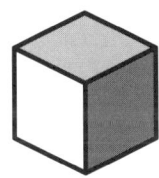

森北出版株式会社

●本書のサポート情報をホームページに掲載する場合があります．下記のアドレスにアクセスし，ご確認ください．

http://www.morikita.co.jp/support/

●本書の内容に関するご質問は，森北出版 出版部「(書名を明記)」係宛に書面にて，もしくは下記の e-mail アドレスまでお願いします．なお，電話でのご質問には応じかねますので，あらかじめご了承ください．

editor@morikita.co.jp

●本書により得られた情報の使用から生じるいかなる損害についても，当社および本書の著者は責任を負わないものとします．

■本書に記載されている製品名，商標および登録商標は，各権利者に帰属します．

■本書の無断複写は著作権法上での例外を除き禁じられています．複写される場合は，そのつど事前に (社) 出版者著作権管理機構 (電話 03-3513-6969，FAX03-3513-6979，e-mail:info@jcopy.or.jp) の許諾を得てください．

新版へのまえがき

　本書の初版は 1997 年に発行されましたが，満 10 年を機に装丁をあらため新版とすることにしました．この間，読者の方々からいただいたご指摘や，大学で教科書として使用していて気付いた点などを元に加筆・修正しました．さらに，記号を統一し，巻末に「電磁気諸量の記号と単位」としてまとめました．

　電磁気学には，さまざまな方程式や法則が出てきて，初学者にとってはそれらの関係がなかなかつかみにくいと思います．著者自身も，大学で学生として学んでいた当時は，とりあえず問題は解けても，方程式や法則の関係は理解できてはいませんでした．何年か大学で教えてみて，やっと全体像が見えてきたと思います．著者なりにとらえた電磁気学における重要な法則間の関係を次のページに示します（電磁気学関連の書籍は多数出版されていますが，こういう全体像が書いてある本は見かけませんので，この図は貴重だと思います）．このような重要法則間の関係を押さえて学べば，全体の見通しが良くなります．本書で学習しながら，現在どの部分を学習しているのか時々確認するようにしてください．

　本書が電磁気学を学ぶ方にとっての一助となれば幸いです．

　最後に，本書の執筆に際してご尽力いただいた森北出版㈱の水垣偉三夫氏，塚田真弓氏に深く感謝いたします．

2008 年 6 月

著　者

電磁気学における重要法則間の関係

　電磁気学には非常に多くの方程式や法則が出てきますが，それらをすべて覚える必要はありません．特に重要な法則は下記の七つです．さらに，これらの法則間には矢印で示したような関係があります．この図は，本書で扱う電磁気学の内容を端的に表したもので，いわば電磁気学の「骨格」です．

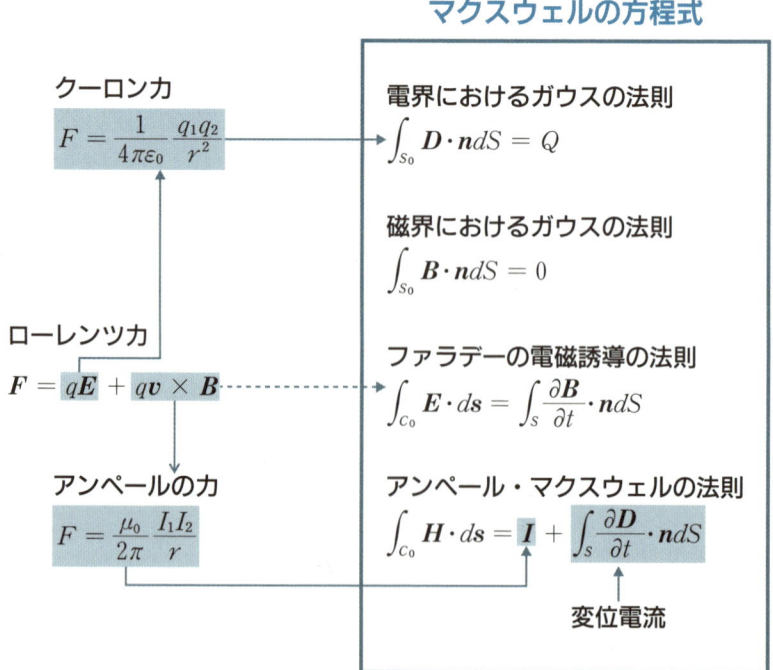

まえがき

　電磁気学は古典物理学において主要な地位を占めるものであり，これを講義する先輩諸先生の人数分だけ教科書が発行されているといってもよい．いずれも立派な著作である．したがって，講義ではそのどれかを学生の前で読みさえすればよいようなものである．

　しかし話はそう簡単でもない．最近は学生にとって学ぶべきことが多すぎる．電子・情報系の学生にとっては，物性，回路，通信，情報系の各科目の基礎を修得することが必要となっている．こうした状況においては，電磁気学のエッセンスのみを効率的に理解することが重要である．

　そこで，本書は重要な要点だけをできるだけわかりやすく説明する方針で執筆した．特に，図面を2色刷とし，重要な公式は四角の枠で囲み，要点を理解しやすいように工夫した．

　電磁気学は，完成された体系の美しい学問である．読者が本書によって，この先人の築かれた美の琴線に触れることができれば，著者らの望外な幸せである．

　最後に，本書の執筆にあたり，内外の多くの著書を参考にさせていただいた．これらの著者の方々に心から謝意を表すものである．

　また，本書の執筆に際してご尽力いただいた森北出版の多田夕樹夫氏に深謝したい．

　1997年　立春

著　者

目　次

第1章　序　論

1.1　電気の力 …………………………………………………… 1
1.2　電磁気学はいかにつくられたか ……………………… 2
1.3　科学の中での地位 ……………………………………… 3

第2章　静電界

2.1　電　荷 …………………………………………………… 5
2.2　クーロンの法則 ………………………………………… 6
2.3　電界とは何か …………………………………………… 10
2.4　電気力線はどのように描くか ………………………… 13
2.5　ガウスの法則（積分形）……………………………… 15
2.6　ガウスの法則（微分形）……………………………… 18
2.7　電位とは何か …………………………………………… 20
2.8　電位の勾配は何を表すか ……………………………… 24
2.9　電気双極子 ……………………………………………… 27
2.10　電荷分布と電位（ポアソン／ラプラスの方程式）… 32
演習問題2 …………………………………………………… 33

第3章　導　体

3.1　静電誘導と電界 ………………………………………… 34
3.2　導体と電荷 ……………………………………………… 36
3.3　静電誘導と静電界の解析法 …………………………… 40
3.4　静電容量 ………………………………………………… 44
3.5　静電エネルギー ………………………………………… 47

3.6 導体に働く電気力 …………………………………………………… 49
演習問題 3 ……………………………………………………………… 50

第4章 誘電体

4.1 誘電体の働き ………………………………………………………… 52
4.2 物質の分極 …………………………………………………………… 53
4.3 分極と分極電荷 ……………………………………………………… 57
4.4 電束密度 ……………………………………………………………… 57
4.5 誘電率 ………………………………………………………………… 61
4.6 誘電体内での静電界の諸法則 ……………………………………… 63
4.7 強誘電体 ……………………………………………………………… 65
演習問題 4 ……………………………………………………………… 66

第5章 定常電流

5.1 電流とは何か ………………………………………………………… 67
5.2 電気抵抗 ……………………………………………………………… 69
5.3 電流の電子論 ………………………………………………………… 72
5.4 ジュール熱 …………………………………………………………… 76
5.5 電源と起電力 ………………………………………………………… 77
5.6 直流回路と時定数 …………………………………………………… 78
演習問題 5 ……………………………………………………………… 81

第6章 電流と磁界

6.1 磁気力 ………………………………………………………………… 83
6.2 静磁界の法則 ………………………………………………………… 86
6.3 ビオ・サバールの法則 ……………………………………………… 91
6.4 磁界内の電流に働く力（アンペールの力）………………………… 97
6.5 電磁界中の荷電粒子に働く力（ローレンツ力）…………………… 100
6.6 磁荷と磁界 …………………………………………………………… 102
6.7 磁性体 ………………………………………………………………… 111

目　次

演習問題 6 ……………………………………………………………… *115*

第 7 章　電 磁 誘 導

7.1　静電磁界から動電磁界へ ………………………………………… *117*
7.2　ファラデーの電磁誘導の法則 …………………………………… *118*
7.3　運動する回路内に発生する起電力 ……………………………… *123*
7.4　インダクタンス …………………………………………………… *126*
7.5　過 渡 現 象 ………………………………………………………… *129*
7.6　交 流 回 路 ………………………………………………………… *132*
演習問題 7 ……………………………………………………………… *134*

第 8 章　電　磁　波

8.1　電界と磁界の法則 ………………………………………………… *135*
8.2　変位電流という考え方 …………………………………………… *136*
8.3　マクスウェルの方程式（積分形）………………………………… *139*
8.4　マクスウェルの方程式（微分形）………………………………… *142*
8.5　電磁波はどのように伝搬するか ………………………………… *144*
8.6　電磁波のエネルギー ……………………………………………… *149*
演習問題 8 ……………………………………………………………… *151*

演習問題解答 …………………………………………………………… *152*
付　　　録 ……………………………………………………………… *158*
参 考 文 献 ……………………………………………………………… *162*
さ く い ん ……………………………………………………………… *163*

1 序　　論

　初学者にとって，電磁気学は力学と比べるととっつきにくいものであると思う．これは，力は直接からだで感じることができるし，物体が動くのを見ることもできるが，電気や磁気は具体的な形では目に見えないからである．こういう意味で，電磁気学は抽象的であるといえる．

1.1　電気の力

■　巨大な力

　抽象的でわからないというが，実はスミにおけないのが電気である．すなわち，それはとてつもなく巨大な力でわれわれにかかわり合いをもっている．力学の代表である万有引力にそれを比べてみるならば，同じように距離の2乗に逆比例するが，強さはその

$$100\text{ 億倍の }100\text{ 億倍の }100\text{ 億倍の }100\text{ 億倍}$$
$$(=10^{10}\times10^{10}\times10^{10}\times10^{10}=10^{40}\text{ 倍})$$

もある．さらに，強さのほかに違う点として，正負という2種類のモノの存在である．同種のモノは反発し，違うモノは引き合う．引力しかない重力とは違う．

■　八方に飛び散り

　このような力があるとどんな現象が起こるだろうか．正のモノだけが集まるとものすごい力で反発して八方に飛び散る．これに反して正と負とをちょうどうまく混合するとまったく違った振る舞いをする．互いに巨大な引力で引き合い，ほとんど完全にバランスしてしまう．このような力が自然界にある電気力なのである．

■　電磁気力は基本的

　このように，われわれを取り囲む自然の中にあって，万有引力のような力学的な力のほかに，まことに基本的な力として電気の力が存在する．これにつけ

第1章 序　論

加えるならば，電荷が運動するとそこには磁気的な力が発生する．このように，電気力，磁気力は本質的な問題として，そして，意外に身近な話として存在するのである．

1.2 電磁気学はいかにつくられたか

　人類の歴史における最初の電磁気学的な発見は，摩擦電気と磁石であろう．これらの存在は，すでに紀元前において確認されている．しかし，電磁気学が学問的に体系付けられるには，多くの先人の努力と時間が必要であった．ここでは，**表 1.1** を元にして，簡単に電磁気学の歴史について述べる．

　ギルバートは 1600 年に磁石についての著書を著し，この中で摩擦電気につ

表 1.1　電磁気学の歴史

西　暦	事　項
紀元前	摩擦電気，磁石の発見
100〜300 年頃	方位磁針（中国）
1492 年	コロンブス，地磁気
1600 年	ギルバート，磁石についての著書
1640 年	ゲーリッケ，摩擦起電機
1785 年	クーロンの法則
1800 年	ボルタ電池
1820 年	エルステッド，電流の磁気作用の発見
1871 年	マクスウェル，電磁理論の完成
19 世紀末	電子の発見
1888 年	ヘルツ，電磁波の存在を実証
20 世紀初め	真空管の発明
1920 年代	無線電話，ラジオ
1930 年代	短波，超短波，テレビ
1940 年代	トランジスタ
1950 年代	半導体技術の進歩
1960 年代以降	コンピュータ，情報技術

いても言及している．電磁気学についての最初の書はおそらくこれであろう．

18世紀に入ると，万有引力との比較から，電荷の間に働く力が距離の2乗に反比例するであろうことは多くの研究者に予想されていた．これを初めて定量的に明らかにしたのがクーロンである．これは1785年のことで，この法則が有名なクーロンの法則である．また，ボルタによって初めて電池が発明されたのは1800年である．これによって電流が継続して流し続けられるようになり，電気に関する研究が加速された．

これまでは，電気と磁気はまったく別のものであると考えられてきたが，1820年にエルステッドが電流の磁気作用を発見した．これは，導線に電流を流すとその近くにおいてある磁針が動くことから発見された．この成果は，アンペールやファラデーなどに引き継がれ，最終的にはマクスウェルの電磁波理論（1871年）によって電磁気学として体系付けられるのである．

さらに，1888年にはヘルツによって電磁波の存在が実証され，19世紀末には電子が発見された．20世紀に入ると，これらを実際に応用した真空管が発明され，無線技術が進歩し，ラジオさらにはテレビなどが開発された．この後は技術の進歩はさらに加速され，トランジスタの発明，半導体技術の進歩などにより，コンピュータおよび情報技術の発展へと続いていく．

1.3 科学の中での地位

電磁気学とほかの学問との関係を図1.1に示す．電磁気学は電気に関係する古典物理学の部門であって，古典力学とともに古典物理学の2本の柱である．それらに付け加えて，さらに量子力学的な背景を持つのが固体物理学である．また，それらの成果を取り扱っているのが電気電子工学および物質工学といってもよいだろう．情報科学は，さらに数学的な基盤とそれを適用する各種分野の把握によって成り立ってくるのである．このように，電磁気学は，電気，電子，物質，情報の諸科学や工学の母体として重要不可欠な学問である．

今日の花形の分野も明日は発展し変化していく．これしかできないという流儀の人がいるものだが，彼はつねにおきざりになってしまう．おきざりにならないためにはどうするか？　基本的な勉強…地下にある大事な根の部分をよく

第1章 序　論

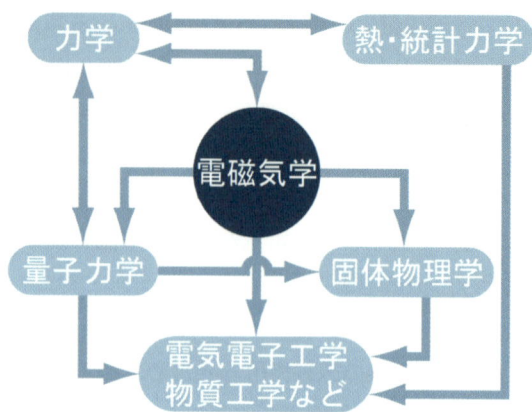

図 1.1　電磁気学とほかの学問との関係

勉強しておくと強い．そして，好奇心とフレキシブルな考え方を持っていればよい．そうすれば地上に多彩な枝葉を茂らせ，花を咲かせることができる．

2 静 電 界

まず，静電荷とそれによる静電界からはじめる．クーロンの法則は電磁気学の根本に位置する．電荷がその周りに電界を作り，その電界がほかの電荷に力を及ぼすという電界の概念を説く．さらに，ガウスの法則，電気力線について学ぶ．

2.1 電 荷

電気現象の探求は，主として摩擦による電気をライデン瓶（電気を蓄える装置）に集めて行われた．この実験の結果，以下のことが明らかとなった．
① 電気は導体を通って移ることができる．
② 電気には正負の 2 種類があって引力，斥力が働く．
③ 電荷は不生不滅．（電荷の保存則）

これを説明するために電気の 1 流体説，2 流体説などがあったが，結局，電気は実体ではなく微視的な粒子である電子や原子核が「電荷（electric charge）という属性」を持つとするのがもっともだということになった．その素量 e を**素電荷**（elementary charge）という．素電荷の値は

$$e = 1.60217733(\pm 0.00000049) \times 10^{-19} \, [\mathrm{C}] \tag{2.1}$$

ここで，電荷の単位は [C（クーロン）] であり，これは 1 [A（アンペア）] の電流が 1 秒間に運ぶ電荷（電気量）である．すべての電荷は，微視的に見ればこの単位で量子化されている．電子は負の素電荷を持っており，その質量は

$$m_0 = 9.1093897(\pm 0.0000054) \times 10^{-31} \, [\mathrm{kg}] \tag{2.2}$$

例題 2-1 単 3 の乾電池の寿命に関して，
① 使用電流 10 [mA] なら 80 時間，② 使用電流 100 [mA] なら 2 時間というデータがある．それぞれどの程度のクーロン数の電荷が取り出され

第 2 章 静 電 界

るか？

解答 ① 10 [mA] とは，1 秒間に $10 \times 10^{-3} = 10^{-2}$ [C] である．80 時間では
$$q = 10^{-2} \times (80 \times 60 \times 60) = 2880 \, [\text{C}]$$
また，② 100 [mA] とは，1 秒間に $100 \times 10^{-3} = 10^{-1}$ [C] である．2 時間では
$$q = 10^{-1} \times (2 \times 60 \times 60) = 720 \, [\text{C}]$$

例題 2-2 物体を摩擦したときに生じる電荷は 10^{-8} [C] 程度である．また，落雷の時に放電される電荷は 10 [C] 程度である．それぞれ，電子何個分になるか計算せよ．

解答 摩擦電気の場合の電子数は
$$N = \frac{q}{e} = 1.0 \times 10^{-8} / 1.6 \times 10^{-19} = 6.3 \times 10^{10} \, [\text{個}]$$
また，落雷の場合の電子数は
$$N = \frac{q}{e} = 10 / 1.6 \times 10^{-19} = 6.3 \times 10^{19} \, [\text{個}]$$

2.2 クーロンの法則

電気力が大きいことはすでに述べたが，それを定量的に測定したのがクーロン (Coulomb) である．彼は，二つの点 A と B にそれぞれ電荷 q_A, q_B がある場合，その間に働く電気的な力は次のような法則に従うことを実験によって明らかにした．

ポイント

① 電気力は直線 AB に沿って働く．
② 作用・反作用の法則が成り立つ．すなわち，q_A に働く力と，q_B に働く力とは大きさが等しく，向きは逆である．
③ 力の大きさは両電荷の積に比例し，距離 r の 2 乗に反比例する．

$$F = k \frac{q_A q_B}{r^2} \tag{2.3}$$

ここで，k は比例定数である．

④ $q_A q_B > 0$ なら斥力，$q_A q_B < 0$ なら引力が働く．

これを**クーロンの法則**（Coulomb's law）という．この法則に従う電荷間の力を**クーロン力**（Coulomb's force）という．

クーロン力を数値的に表すには，いろいろな量の単位を定義しなければならない．式(2.3)の比例定数 k の値は単位の取り方によって決まる．ここでは**国際単位系**（SI系）を取る．すなわち，基本単位として，長さの単位をメートル[m]，質量の単位を[kg]，時間の単位を秒[s]とする．SI系での力の単位はニュートン[N]であり，電荷の単位としてはクーロン[C]を用いる．以上の単位を用いると，式(2.3)の比例定数 k は

$$k = \frac{1}{4\pi\varepsilon_0} \tag{2.4}$$

と表される．したがって，式(2.3)は

$$F = \frac{q_A q_B}{4\pi\varepsilon_0 r^2} \tag{2.5}$$

ここで ε_0 は**真空の誘電率**（permittivity of vacuum）であり，

$$\varepsilon_0 = 8.854187 \times 10^{-12} \, [\mathrm{C^2/(m^2 N)}] \tag{2.6}$$

という値を持つ定数である．そこでクーロンの式の比例定数部分は

$$k = \frac{1}{4\pi\varepsilon_0} = 9.00 \times 10^9 \, [\mathrm{Nm^2/C^2}] \tag{2.7}$$

と書くことができる．数値を入れると

$$F = (9.00 \times 10^9) \times \frac{q_A q_B}{r^2} \, [\mathrm{N}] \tag{2.8}$$

という形になる．実際の計算のときにはこれが便利である．

第2章 静 電 界

このクーロン力は相対的に巨大であることはすでに話として述べた．実際に計算をして少しでも身近なものとしてみよう．

> **例題 2-3** 互いに 1 [m] 離れて電子が 2 個存在する．
> ① 相互の電気的斥力 F_E の大きさと万有引力の大きさ F_G を比較せよ．
> ② その比率は互いの距離にどう依存するか？
>
> ただし，万有引力は $F_G = G\dfrac{m_A m_B}{r^2}$ [N] で求められ，$m_0 = 9.1 \times 10^{-31}$ [kg]，$e = 1.6 \times 10^{-19}$ [C]，$G = 6.7 \times 10^{-11}$ [Nm²/kg²] である．
>
> **解答** ① 電気力：$F_E = (9.00 \times 10^9) \times \dfrac{q_A q_B}{r^2} = 9.00 \times 10^9 \times \dfrac{(1.6 \times 10^{-19})^2}{1^2}$
> $= 2.3 \times 10^{-28}$ [N]
>
> 万有引力：$F_G = G\dfrac{m_A m_B}{r^2} = 6.7 \times 10^{-11} \times \dfrac{(9.1 \times 10^{-31})^2}{1^2} = 5.5 \times 10^{-71}$ [N]
>
> よって，
>
> 電気力／万有引力 $= 4.1 \times 10^{42}$
>
> ② ともに距離の 2 乗に反比例しているから，比率としては距離に無関係である．

向きを持たないふつうの数量は**スカラー** (scalar) 量である．これに対して，力のようなものは大きさと向きを持つ．これが**ベクトル** (vector) 量である．先のクーロン力もベクトルである．いま，二つの点電荷 q_i と q とがあるとしよう．ここで，

$\boldsymbol{F}_i$：電荷 q_i からほかの電荷 q に働きかける力

とすると，その方向は q_i から q の方向で，その向きは

$q_i \cdot q > 0$ ならば $q_i \rightarrow q$ の向き（同符号ならはねとばし）

$q_i \cdot q < 0$ ならば $q \rightarrow q_i$ の向き（異符号なら引きつけ）

図 2.1 に示すように，電荷 q_i, q のそれぞれの存在する場所の位置ベクトル（どこかに原点 O を設定して）を $\boldsymbol{r}_i$, $\boldsymbol{r}$ とすると，q_i から q に向かうベクトルは $\boldsymbol{r} - \boldsymbol{r}_i$ である．よって，この方向の単位ベクトル (unit vector) は，$(\boldsymbol{r} - \boldsymbol{r}_i)/|\boldsymbol{r} - \boldsymbol{r}_i|$ である．

2.2 クーロンの法則

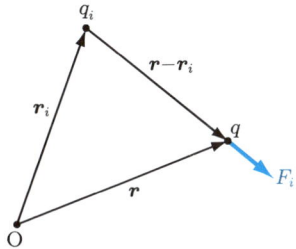

図 2.1　クーロン力のベクトル

以上のことから，クーロンの法則をベクトル表示すると

$$F_i = \frac{1}{4\pi\varepsilon_0} \frac{qq_i}{|r-r_i|^2} \frac{r-r_i}{|r-r_i|} \tag{2.9}$$

または，次のようにも書ける．

$$F_i = \frac{qq_i}{4\pi\varepsilon_0} \frac{r-r_i}{|r-r_i|^3} \tag{2.10}$$

この式を解析的に表すには，直交座標 (x, y, z) を設定し，各方向の成分を用いるのが便利である．位置ベクトルを $r_i = (x_i, y_i, z_i)$ とすれば，

$$F_i = \frac{qq_i}{4\pi\varepsilon_0} \frac{(x-x_i, y-y_i, z-z_i)}{|r-r_i|^3} \tag{2.11}$$

次に，もし点電荷が $i = 1, 2, \cdots, n$ のように多数あった場合には，位置 r にある電荷 q の受ける力 F は，それら n 個の力 F_i の合成になる．すなわち，

$$F = \sum_{i=1}^{n} F_i = \frac{q}{4\pi\varepsilon_0} \sum_{i=1}^{n} \frac{q_i(r-r_i)}{|r-r_i|^3} \tag{2.12}$$

これが電気力の合成則，重ね合わせの原理である．

このように，一つの点電荷に作用する力がほかの複数の点電荷から受けるそれぞれの力のベクトル的な和で与えられ，ほかの電荷の存在が 2 個の電荷間の

力に影響を与えないということは，決して自明なことではなく，まったく実験事実に基づくものなのである．

以上，クーロンの法則について述べたが，これらのことは全部実験に基づいたことがらであって，電磁気学の骨組みはこの上に築かれたといってもよい．

> **📖 逆2乗則はどこまで厳密に成り立つか？**
>
> ところで，クーロンの法則における逆2乗則は，どこまで厳密に成り立つのであろうか？ 式(2.5)における分母を $r^{2+\alpha}$ とおくと，キャベンディッシュは1776年に $|\alpha| < 1/50$ であることを示唆した．また，マクスウェルは1871年に $|\alpha| < 1/21600$ であると指摘した．さらに精密な測定により，プリンプトンとロートンは1936年に $|\alpha| < 2 \times 10^{-9}$ であることを確かめている．このようにして，クーロンの法則における逆2乗則は，現在では厳密に成り立つことが確認されている．

2.3 電界とは何か

1687年のニュートン（I. Newton，1642～1727）による万有引力は，二つの天体どうしがその間になんらの媒介するものなしで隔絶したままで作用し合うもの，すなわち遠隔作用（action at a distance）とされた．その後の100年，18世紀では，万有引力を遠隔作用として把握することは常識であった．そこへ1785年，クーロン力が登場した．多くの人はこれも遠隔作用の一つと考えたのは当然であった．ところがその後，電磁波の現象などが登場するに及んで，それでは矛盾が出てきた．この矛盾を解決するために，次のような近接作用（action through medium）が考え出された．近接作用では，電荷が存在すると周りの空間がゆがむと考える．この立場をとると，荷電粒子の振動によって電磁波が真空中を伝搬することが説明できる．

空間に何も物質がないならゆがみようがないではないか…？ しかし，われわれの周りの空間がまったくの空虚な空間にすぎないとするのも，また日常経験だけに基づく偏見ではないか…？ むしろ，電気的現象，すなわち電波を伝えるように，空間そのものがゆがんで，電界というものが実在すると考えるの

である．そのように考えるのが自然なのではなかろうか．

このような近接作用の考え方を進めるには次のような方法がある．前述のクーロン力のベクトル形式の式(2.10)を次のように分解してみる．

$$F_i = qE_i(r) \tag{2.13}$$

$$E_i(r) = \frac{q_i}{4\pi\varepsilon_0} \frac{r - r_i}{|r - r_i|^3} \tag{2.14}$$

すなわち，電荷 q のあるなしにかかわらず，点電荷 q_i が位置 r に空間のひずみとして $E_i(r)$ を作る．そして，たまたまその位置 r に電荷 q がやってくると $qE_i(r)$ だけの電気力（クーロン力）を受ける．この空間のひずみ，ゆがみを示すベクトル量 $E_i(r)$ のことを電界（electric field）という．これは，その場所 r に存在する物理量なのである．

上式の関係を見てわかるように，電界の単位は [N/C] であることになるが，後に出てくる電位の単位であるボルト [V] すなわち，[V] = [J/C] を用いることにより，

$$[\text{N/C}] = [\text{J/(C·m)}] = [\text{V/m}] \tag{2.15}$$

を利用することが多い．

> 📖 **畑の麦の穂**
>
> 空間に勝手に想定した面 S の上で，$E_i(r)$ を各点 r で矢印で示すと図 **2.2** のようになる．ちょうど畑の麦の穂のようである．これを電気の畑と思ってもよい．点電荷 q_i が静止している場合には，面 S 上の麦の穂である $E_i(r)$ も動かない．このような電界を静電界という．もし，点電荷 q_i が運動すれば麦の穂は風になびくように動くであろう．すなわち電界が時間変動する．われわれはこれを電磁波と解釈するのである．

第2章 静電界

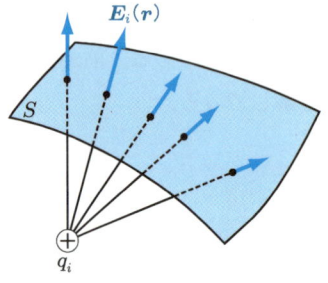

図2.2 点電荷のつくる電界

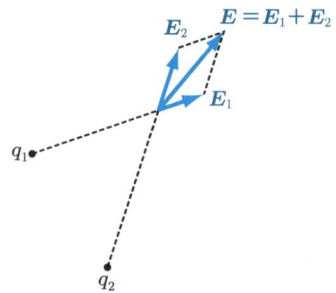

図2.3 点電荷 q_1, q_2 がつくる電界 E_1, E_2 のベクトル合成

図2.3 に示すように，複数の点電荷が分布している場合の電界は，重ね合わせの原理によって

$$E = \sum_{i=1}^{n} E_i(r) = \frac{1}{4\pi\varepsilon_0} \sum_{i=1}^{n} \frac{q_i(r - r_i)}{|r - r_i|^3} \qquad (2.16)$$

例題 2-4 1辺の長さが 10 [cm] の正三角形の2頂点に，$+2 \times 10^{-6}$ [C]，および $+2 \times 10^{-6}$ [C] の2個の点電荷をおいたとき，ほかの頂点に生じる電界の大きさを求め，向きを示せ．

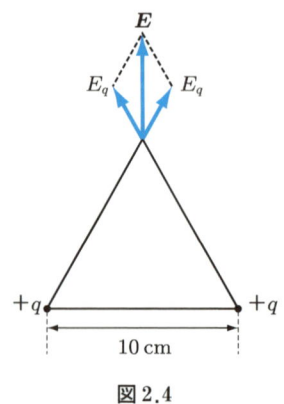

図2.4

解答 図2.4より，点電荷 $q(>0)$ のつくる電界 E_q を用いると，合成電界 E の大きさ E は次のようになる．

$$E = 2E_q\cos 30° = \sqrt{3}E_q = \sqrt{3} \times 9 \times 10^9 \times \frac{2 \times 10^{-6}}{0.1^2}$$
$$= 3.1 \times 10^6 \,[\text{V/m}]$$

また，ベクトルの向きは $+q \sim +q$ に垂直でそれから離れる向きである．

2.4 電気力線はどのように描くか

電界という抽象的なものを何とか直感的に表すために，空間の各点での電界ベクトルを連ねた曲線を考える．これを電気力線 (electric lines of force) と呼ぶ．電気力線をもう少し数学らしくいえば，次のようになる．

ポイント
① 電気力線上の各点の接線はその点の電界方向である．

これは流体での流線と流速の関係とちょうど同じである．図2.5(a)に示すように，空間に一つの正電荷がある場合には，その電荷から電気力線は放射状に広がる直線群になる．電荷が負の場合には，図2.5(b)に示すように，矢印は逆で，収束する直線群になる．

では，この直線は何本描けばよいのだろうか？　また，途中から始めてもよいのだろうか…？　これらの問に答えるためには，電界の強さと電気力線との関係を決めておかなければならない．ここで，

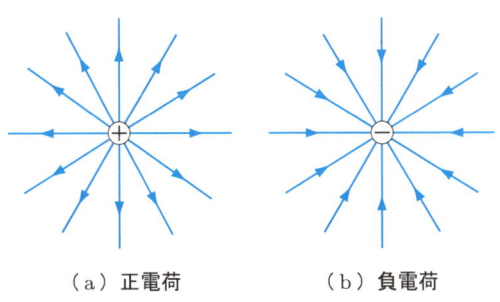

(a) 正電荷　　　(b) 負電荷

図2.5 電気力線

第2章 静電界

> **! ポイント**
> ② 電気力線の密度（垂直な面に関する面密度）は各点の電界の強さに比例する．

としておく．定量的にいうと，単位の電界 $1\,[\mathrm{V/m}]$ のところでは $1\,[本/\mathrm{m}^2]$ とする．

そして電気力線の発生，消滅に関しては，次の重要な法則が成立する．

> **! ポイント**
> ③ 電気力線は正電荷で発生し，負電荷で消滅する．それ以外では発生，消滅しない．

さらに，電気力線の密度についての②から，次のことが導かれる．いま，**図 2.6** のように，任意の面積要素 dS を取り，それに垂直な単位ベクトルを $\boldsymbol{n}$，その点の電界 $\boldsymbol{E}$ と $\boldsymbol{n}$ とのなす角を θ とする．このとき，dS を通る電気力線の数を $d\varPhi_e$ とすると

$$d\varPhi_e = EdS\cos\theta = \boldsymbol{E}\cdot\boldsymbol{n}dS \tag{2.17}$$

$d\varPhi_e$ は dS 面を通る <u>電気力線束</u>（<u>電束</u>）とも呼ばれる．単位ベクトル $\boldsymbol{n}$ の向く方向を dS の表方向とする．$d\varPhi_e > 0$ であれば，電気力線は裏から表方向に通る．

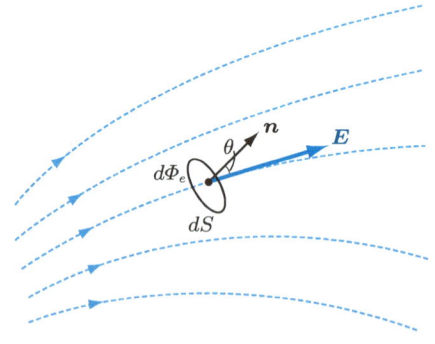

図 2.6 面の微小要素 dS を通る電気力線

一般の面 S を通る電気力線の数 Φ_e は，上式の $d\Phi_e$ を S 全面で面積分すればよい．すなわち，

$$\Phi_e = \int_S \boldsymbol{E} \cdot \boldsymbol{n} dS = \int_S E_n dS \qquad (2.18)$$

ここで，$E_n = \boldsymbol{E} \cdot \boldsymbol{n}$ は dS に垂直な $\boldsymbol{E}$ の成分 である．

2.5 ガウスの法則（積分形）

前節で述べた電気力線についての性質③が成立するならば，電気力線に関する次の性質の存在が結論できる．すなわち，

> **ポイント**
> 閉じた面を貫いて外へ出ていく電気力線の総本数は，その面に包まれた中の電荷に比例する．

これが，ガウスの法則の直感的な表現である．

【証明】 いま，原点にある点電荷 q の周りに半径 r の球面を考える．この球面を通過する電気力線の総本数は，式(2.18)において

$$E_n = \frac{q}{4\pi\varepsilon_0 r^2} \qquad (2.19)$$

となるから，

$$\Phi_e = \int_{S_0} \frac{q}{4\pi\varepsilon_0 r^2} dS = \frac{q}{4\pi\varepsilon_0 r^2} \cdot 4\pi r^2 = \frac{q}{\varepsilon_0} \qquad (2.20)$$

この値は明らかに，r の値には無関係，すなわち，任意の大きさの球面で成り立つ．これをいいかえると，任意に考えた二つの球面ではさまれた場所では電気力線は発生も消滅もしないということになる．

ここで，図 2.7 に示すように，任意の二つの大小球面を考えよう．小球面を出る電気力線の数と大球面を出る電気力線の数は等しい．いいかえると，二つの球面にはさまれた任意の形状の閉曲面 S_0 についても，それを出る電気力線の数は同じである．したがって，以下のガウスの法則が成り立つ．

第2章 静電界

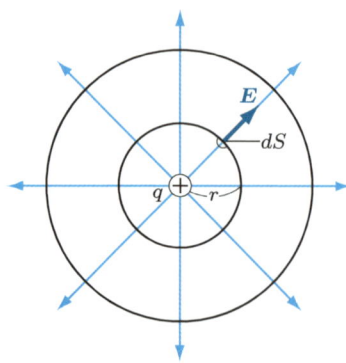

図2.7 閉曲面を貫く電気力線

> **ポイント**
>
> 閉曲面を貫いて外へ出ていく電気力線の総本数は，この面に包み込まれている電荷に比例する．
>
> $$\Phi_e = \int_{S_0} E_n dS = \frac{q}{\varepsilon_0} \qquad (2.21)$$

このガウスの法則は，電界の空間分布と電荷を結び付ける．議論を振り返ってみると，ガウスの法則はクーロンの法則と同じことをいいかえているにすぎないのである．また，閉曲面内部に電荷がない場合には，電気力線は通り抜けるだけである．さらに，

> **ポイント**
>
> ④ 電気力線は閉曲線にはならない．

という法則によって，電荷分布から電界を一意的に決定でき，その電界はクーロンの法則から求めたものと一致する．なお，法則④は電荷によってつくられる電界については確かに成立するけれども，電磁誘導によってつくられる電界においては成り立たない．これについては，第7章で議論する．

次に，点電荷の集まりが作る電界は，各電荷がつくる電界 E_i の和である．すなわち，重ね合わせの原理に従って考えればよく，ある閉曲面 S_0 について，内部に q_i が n 個あれば，

2.5 ガウスの法則（積分形）

$$\Phi_e = \int_{S_0} E_n dS = \frac{1}{\varepsilon_0} \sum_{i=1}^{n} q_i \tag{2.22}$$

さらに，閉曲面 S_0 の中で電荷が密度 ρ で分布しているならば，その中に含まれる電荷の総量は ρ の**体積積分** $\int_V \rho dV$ で与えられるから，

$$\Phi_e = \int_{S_0} E_n dS = \frac{1}{\varepsilon_0} \int_V \rho dV \tag{2.23}$$

例題 2-5 半径 a の球の内部に全体で q の電荷が一様に分布しているとき，球の内部および外部の電界を求めよ．

解答 電荷密度は，$r \leqq a$ のとき

$$\rho(r) = \rho_0 = \frac{q}{\frac{4\pi}{3}a^3}$$

$r > a$ のとき

$$\rho(r) = 0$$

また，電界は球対称であるので，球面上では $E_n = E =$ 一定となるから，$r \leqq a$ のとき

$$\int_{S_0} E_n dS = 4\pi r^2 E = \frac{1}{\varepsilon_0} \int_V \frac{q}{\frac{4\pi}{3}a^3} dV = \frac{1}{\varepsilon_0} \frac{q}{\frac{4}{3}\pi a^3} \frac{4}{3}\pi r^3 = \frac{qr^3}{\varepsilon_0 a^3}$$

$$\therefore E = \frac{qr}{4\pi\varepsilon_0 a^3}$$

また，$r > a$ のときは

$$\int_{S_0} E_n dS = 4\pi r^2 E = \frac{1}{\varepsilon_0} \int_V \frac{q}{\frac{4\pi}{3}a^3} dV = \frac{1}{\varepsilon_0} \frac{q}{\frac{4}{3}\pi a^3} \frac{4}{3}\pi a^3 = \frac{q}{\varepsilon_0}$$

$$\therefore E = \frac{q}{4\pi\varepsilon_0 r^2}$$

電界分布を図示すると，**図 2.8** のようになる．球外での電界は，電荷 q が中心に集まった点電荷によるものと同じである．

第2章 静 電 界

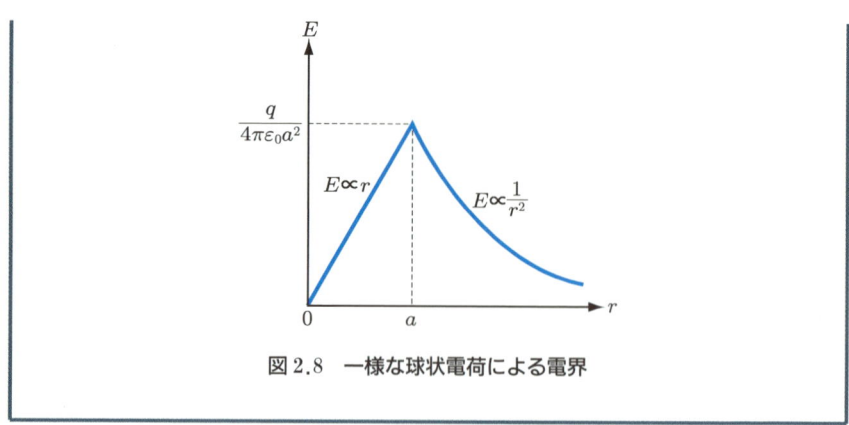

図2.8　一様な球状電荷による電界

2.6　ガウスの法則（微分形）

　いままで述べたガウスの法則の表現は，式(2.21)のように積分の形になっている．これは，電気力線の本数を数えるという直感的なイメージがつかみやすい形である．しかし，この積分形は，電界の空間的な変化の様子が前もって予想でき，積分が簡単に実行できる場合以外には，電界を定量的に決定する目的には便利ではない．

　そこで，電界の関数形を求めるには，空間の各点ごとに成り立つ形，微分形に書きかえておく方が便利である．この書き換えのために，別に新しいやり方はしない．ある点P(x, y, z)の近傍の微小な直方体に先ほどの積分形の式(2.21)を適用すればよいだけである．

　図2.9に示すように，Pを一つの頂点として，各座標軸に沿って辺Δx, Δy,

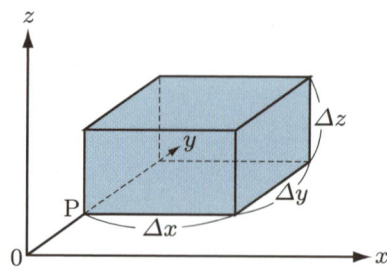

図2.9　ガウスの法則の書き換えに使う微小直方体

2.6 ガウスの法則（微分形）

Δz の直方体を考えよう。この六つの面を通って出ていく電気力線の総本数が前式によって直方体の内部の電荷と関係付けられている。まず、六つのうち、x 軸に垂直な二つの面、図では右と左の面、を考えよう。外向きの法線方向は、右面では x、左面では $-x$ 方向である。面内での E_x の変化を無視すれば、積分のこの部分は、

$$E_x(x+\Delta x, y, z)\Delta y\Delta z - E_x(x, y, z)\Delta y\Delta z \simeq \frac{\partial E_x}{\partial x}\Delta x\Delta y\Delta z \tag{2.24}$$

と近似できる。同様に y 軸、z 軸に垂直な2組の面の寄与を求めると、それぞれ

$$\frac{\partial E_y}{\partial y}\Delta x\Delta y\Delta z \tag{2.25}$$

および

$$\frac{\partial E_z}{\partial z}\Delta x\Delta y\Delta z \tag{2.26}$$

したがって、六つの面から出ていく電気力線の合計はこれらを足して、

$$\left(\frac{\partial E_x}{\partial x} + \frac{\partial E_y}{\partial y} + \frac{\partial E_z}{\partial z}\right)\Delta x\Delta y\Delta z \tag{2.27}$$

一方、直方体の中にある電荷は、体積密度を ρ とすれば $\rho\Delta x\Delta y\Delta z$ と近似できる。これらを先の積分式に入れると、結論として、ガウスの法則は、

$$\left(\frac{\partial E_x}{\partial x} + \frac{\partial E_y}{\partial y} + \frac{\partial E_z}{\partial z}\right)\Delta x\Delta y\Delta z = \frac{\rho}{\varepsilon_0}\Delta x\Delta y\Delta z \tag{2.28}$$

と書くことができる。ここで $\Delta x\Delta y\Delta z$ を消去すれば、

$$\frac{\partial E_x}{\partial x} + \frac{\partial E_y}{\partial y} + \frac{\partial E_z}{\partial z} = \frac{\rho}{\varepsilon_0} \tag{2.29}$$

これが、目的の微分形式のガウスの法則である。

さらに，表現をスマートにするためにベクトル算法を利用する．ベクトル A の発散（divergence）といえば，各方向の変化を足したものと考えてよく，

$$\mathrm{div}\,\boldsymbol{A} = \nabla \cdot \boldsymbol{A} = \frac{\partial A_x}{\partial x} + \frac{\partial A_y}{\partial y} + \frac{\partial A_z}{\partial z} \tag{2.30}$$

と定義する．なおここで，∇ はベクトル演算子ナブラ（nabla）のことであり，次のように表される．

$$\nabla = \boldsymbol{i}\frac{\partial}{\partial x} + \boldsymbol{j}\frac{\partial}{\partial y} + \boldsymbol{k}\frac{\partial}{\partial z} \quad (\boldsymbol{i},\ \boldsymbol{j},\ \boldsymbol{k} \text{ は単位ベクトル}) \tag{2.31}$$

これらを用いると，上記のガウスの法則は微分形式として

$$\mathrm{div}\,\boldsymbol{E} = \nabla \cdot \boldsymbol{E} = \frac{\partial E_x}{\partial x} + \frac{\partial E_y}{\partial y} + \frac{\partial E_z}{\partial z} = \frac{\rho}{\varepsilon_0} \tag{2.32}$$

のように表すことができる．

2.7 電位とは何か

図 2.10 に示すように，電荷 q は電界 $\boldsymbol{E}$ で電気力 $\boldsymbol{F}(=q\boldsymbol{E})$ を受けるから，$\varDelta \boldsymbol{s}$ だけ移動させるにはその $\varDelta \boldsymbol{s}$ 方向の力（ベクトル $\boldsymbol{F}$ から θ ずれているとして），$-F\cos\theta$ を考えれば，次の微小仕事 $\varDelta W$ が必要となる（ここで，図 2.10 においては，$90° < \theta < 180°$ であるから $\cos\theta < 0$ となるので，$\varDelta W$ を正の値にするた

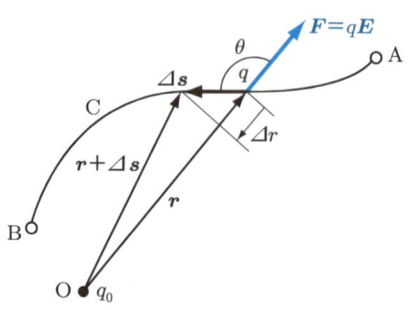

図 2.10　経路 C に沿っての電荷の移動

めに $F\cos\theta$ に－の符号を付けた)．

$$\varDelta W = -F\cos\theta\,\varDelta s = -qE\cos\theta\,\varDelta s = -q\bm{E}\cdot\varDelta\bm{s} \qquad (2.33)$$

よって，電荷を点Aから点Bへ移動させたときに電気力に対して行う仕事 W_{AB} は，

$$W_{AB} = -q\int_{A(C)}^{B}\bm{E}\cdot d\bm{s} \qquad (2.34)$$

と表される．この積分は，点 A と B を結ぶ経路 C を指定して，それに沿って電荷を移動するとしてはじめて計算できる．このような積分を線積分という．

ところで，この積分の値は両端の点 A，B のみによって決まり，途中の経路によらないことが証明できる．もともと静電界は点電荷のつくる電界を合成したものだから，原点にある点電荷 q_0 のつくる電界について上記のことが証明できればよい．

経路 C に沿い，電荷 q を微小変位 $\varDelta\bm{s}$ だけ動かすのに必要な仕事は式 (2.33), (2.14), (2.4) より

$$\varDelta W = -q\bm{E}\cdot\varDelta\bm{s} = -kqq_0\frac{\bm{r}\cdot\varDelta\bm{s}}{r^3} \qquad (2.35)$$

ここで，$\bm{r}$ と $\varDelta\bm{s}$ とのなす角度を θ とすると，このスカラー積（内積）は

$$\bm{r}\cdot\varDelta\bm{s} = r\varDelta s\cos\theta = r\varDelta r \qquad (2.36)$$

ただし，$\varDelta r$ は図のように原点からの距離 r の増分であって

$$\varDelta r = |\bm{r}+\varDelta\bm{s}| - |\bm{r}| \qquad (2.37)$$

したがって，式(2.35)は

$$\varDelta W = -kqq_0\frac{r\varDelta r}{r^3} = -kqq_0\frac{\varDelta r}{r^2} \qquad (2.38)$$

この仕事を点 A から B までの経路 C に沿って途切れなく加え合わせれば，全体に要する仕事が求められることになる．そこで

第 2 章　静　電　界

$$W_{AB} = -kqq_0 \int_{A(C)}^{B} \frac{dr}{r^2} = -kqq_0 \left[-\frac{1}{r} \right]_A^B = kqq_0 \left[\frac{1}{r_B} - \frac{1}{r_A} \right] \quad (2.39)$$

すなわち，W_{AB} は r_A と r_B だけで定まる．上記の線積分は電荷からの A，B 両点の距離のみに依存し，その経路には無関係である．

以上，一つの点電荷 q_0 による電界を考えてきたが，任意の電荷分布は点電荷の集まりであり，一般の静電界は点電荷による電界の重ね合わせとして考えられる．よって，一般の静電界内で電荷を移動させるのに要する仕事も，出発点 A と終着点 B とだけで決まることになる．それは

$$W_{AB} = -q \int_A^B \boldsymbol{E} \cdot d\boldsymbol{s} = U_B - U_A \quad (2.40)$$

と書くことができる．このことは，力学における力のポテンシャルに対応することであり，クーロン力も保存力であることを示している．すなわち，U_A は，電荷 q の持つ点 A における位置のエネルギーに等しい．

電気力は電荷 q に比例するから，U もまた q に比例する．そこで，重力場におけるポテンシャルと同様に，上記の位置のエネルギーを単位の電荷に換算し，電界におけるポテンシャル，すなわち，電位 (electric potential) V というものを導入する．点 A，B における電位をそれぞれ V_A，V_B とすると

$$V_{AB} = V_B - V_A = \frac{U_B - U_A}{q} = \frac{W_{AB}}{q} = -\int_A^B \boldsymbol{E} \cdot d\boldsymbol{s} \quad (2.41)$$

もう一度念のためくり返せば，この式は A，B 2 点間の電位差 (potential difference) V_{AB} であって，単位の点電荷を（q で割ってあることに注意）A から B まで移動させるときに外部から加えるべき仕事の大きさである．

電位と電位差の単位は単位電荷あたりの仕事 [J/C] となるが，これを改めて，ボルト [V] で表す．すなわち

$$1 \, [V] = 1 \, [J/C] \quad (2.42)$$

電位差の単位を [V] と定めることによって，電界の単位は式 (2.41) より [V/m] となる．

2.7 電位とは何か

　各点での電位を一様に上げ下げしても，相互の電位差には変化がないのは当然である．そこでどこかに電位の基準点 V_S をとり，そこの電位をゼロとする．通常，その電位の基準点は無限遠にとり，そこでの電位を 0 [V] とする．このとき静電界の任意の点 P における電位 V は次式で定義される．

$$V = -\int_{\infty}^{P} \boldsymbol{E} \cdot d\boldsymbol{s} \tag{2.43}$$

　次に，式(2.43)を用いて，点電荷 q による任意の点 P の電位を求める．点電荷 q から点 P までの位置ベクトルを r とすれば，点 P での電界は

$$\boldsymbol{E} = k\frac{q\boldsymbol{r}}{r^3} \tag{2.44}$$

これを式(2.43)に適用し，積分を無限遠点から点 P まで行うと，電位 V は，

$$V = -\int_{\infty}^{P} \boldsymbol{E} \cdot d\boldsymbol{s} = -\int_{\infty}^{P} k\frac{q\boldsymbol{r}}{r^3} \cdot d\boldsymbol{s} \tag{2.45}$$

ここで前にも出てきたように，$\boldsymbol{r} \cdot d\boldsymbol{s} = rds\cos\theta = rdr$ だから，

$$V = -kq\int_{\infty}^{P} r\frac{dr}{r^3} = -kq\int_{\infty}^{P} \frac{dr}{r^2} = -kq\left[-\frac{1}{r}\right]_{\infty}^{r} = k\frac{q}{r} = \frac{q}{4\pi\varepsilon_0 r} \tag{2.46}$$

　さらに，複数電荷のあるときは，重ね合わせの原理によって，式(2.46)を加えればよい．

$$V = \frac{1}{4\pi\varepsilon_0}\sum_{i=1}^{n}\frac{q_i}{r_i} \tag{2.47}$$

または，ベクトルで示すなら

$$V = \frac{1}{4\pi\varepsilon_0}\sum_{i=1}^{n}\frac{q_i}{|\boldsymbol{r} - \boldsymbol{r}_i|} \tag{2.48}$$

第 2 章 静 電 界

また，電荷の分布が連続的な場合には，次のようになる．

$$V = \frac{1}{4\pi\varepsilon_0} \int_V \frac{\rho(\boldsymbol{r}')}{|\boldsymbol{r} - \boldsymbol{r}'|} dV' \tag{2.49}$$

例題 2-6 $q_0 = 3\,[\mu\mathrm{C}]$ の点電荷から $2\,[\mathrm{m}]$ 離れて A 点があり，$4\,[\mathrm{m}]$ 離れて B 点がある．A 点から $q = 1\,[\mu\mathrm{C}]$ の電荷が B 点に移動するときに電界から得る仕事を求めよ．

解答 点 A の電位 V_A は

$$V_\mathrm{A} = k\frac{q_0}{r} = 9.00 \times 10^9 \cdot \frac{3 \times 10^{-6}}{2} = 1.35 \times 10^4\,[\mathrm{V}]$$

また，点 B の電位 V_B は

$$V_\mathrm{B} = k\frac{q_0}{r} = 9.00 \times 10^9 \cdot \frac{3 \times 10^{-6}}{4} = 6.75 \times 10^3\,[\mathrm{V}]$$

よって，電位差は $V_\mathrm{A} - V_\mathrm{B} = 6.75 \times 10^3\,[\mathrm{V}]$

したがって，仕事は

$$W_\mathrm{AB} = q(V_\mathrm{A} - V_\mathrm{B}) = 1 \times 10^{-6} \times 6.75 \times 10^3 = 6.75 \times 10^{-3}\,[\mathrm{J}]$$

例題 2-7 素電荷 $e = 1.6 \times 10^{-19}\,[\mathrm{C}]$ が電位差が $1\,[\mathrm{V}]$ ある 2 点間を移動したときに得るエネルギーを 1 電子ボルト [eV] という．1 [eV] は何 [J] か．

解答 $W = e \times 1\,[\mathrm{V}] = 1.6 \times 10^{-19} \times 1 = 1.6 \times 10^{-19}\,[\mathrm{J}]$

2.8 電位の勾配は何を表すか

前節で述べた電位とは，地図でいうと山の高さに相当する．山が高いほど（電位が高いほど）ポテンシャルエネルギーは大きい．それでは，この勾配は何を表すのであろうか？

静電界は静止した電荷を源泉とするベクトル場である．このベクトル場から，式 (2.43) によってスカラー量である電位が定義された．このように，空間の各点でスカラー量が定義されるとき，その場をスカラー場という．電位の場はスカラー場である．式 (2.43) は静電界 E のベクトル場に対して，電位 V の

2.8 電位の勾配は何を表すか

スカラー場が1対1に対応していることを示している．

いままで，電界 E に対して電位 V を求めてきた．次に，それとは逆に，電位 V のスカラー場が与えられたとき，電界 E を導くにはどうすべきかを考える．図2.11のように，十分接近した2点 P_1，P_2 をとる．P_1 での電界を E，両点をむすぶ微小ベクトルを $d\bm{s}$ とする．このとき，式(2.41)より

$$V_{12} = V_{P_2} - V_{P_1} = \frac{W_{12}}{q} = -\int_{P_1}^{P_2} \bm{E} \cdot d\bm{s} \tag{2.50}$$

であるから，$d\bm{s}$ が十分小さいとすれば，微小電位差 dV は

$$dV = -\bm{E} \cdot d\bm{s} = -E\cos\theta \cdot ds = -E_s ds \tag{2.51}$$

ここで，θ は $\bm{E}$ と $d\bm{s}$ のなす角度であり，E_s は点 P_1 における電界 $\bm{E}$ の s 方向成分，すなわち，$E_s = E\cos\theta$ である．したがって

$$E_s = -\frac{dV}{ds} \tag{2.52}$$

が導かれる．このようにして，任意の方向の電界の成分を求めることができる．直交座標の場合に x，y，z 方向の成分は

$$E_x = -\frac{\partial V}{\partial x}, \quad E_y = -\frac{\partial V}{\partial y}, \quad E_z = -\frac{\partial V}{\partial z} \tag{2.53}$$

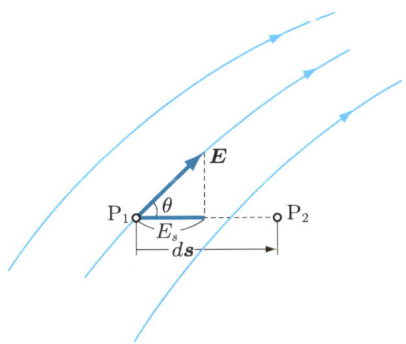

図2.11 電位から電界を求める

によって与えられる．

このように電界ベクトル $\boldsymbol{E}$ の x, y, z 成分を電位 V で示せるから，$\boldsymbol{E}$ の表式としては

$$\boldsymbol{E} = E_x \boldsymbol{i} + E_y \boldsymbol{j} + E_z \boldsymbol{k} = -\left(\boldsymbol{i}\frac{\partial V}{\partial x} + \boldsymbol{j}\frac{\partial V}{\partial y} + \boldsymbol{k}\frac{\partial V}{\partial z}\right) \quad (2.54)$$

この式の右辺の（ ）内を一般にスカラー関数 V の勾配 (gradient) といい，これを $\mathrm{grad}\, V$ で表す．すなわち

$$\mathrm{grad}\, V = \nabla V = \boldsymbol{i}\frac{\partial V}{\partial x} + \boldsymbol{j}\frac{\partial V}{\partial y} + \boldsymbol{k}\frac{\partial V}{\partial z} \quad (2.55)$$

この $\mathrm{grad}\, V$ を用いると，式 (2.54) は簡潔に表現できて

$$\boldsymbol{E} = -\mathrm{grad}\, V = -\nabla V \quad (2.56)$$

これが電位 V から電界 $\boldsymbol{E}$ を導く式である．なお，∇ はベクトル演算子ナブラである．

電位のある場において，それが一定値 V_1 をとるような，空間の中の一つの曲面を指定できる．これを等電位面 (equipotential surface) という．地図でいえば等高線を考えればよい．等電位面には次のような性質がある．

> **ポイント**
> ① 等電位面は電気力線と直交する．（証明後述）
> ② 電位の異なる等電位面は交わらない．
> ③ 等電位面の密なところほど電界が強い．
> ④ 導体の表面は等電位面である．
> ⑤ 大地は電位 0 の等電位面と考える．

ここで，① 電気力線と等電位面とは直交することを証明する．図 2.12 に示すように，$V =$ 一定の等電位面上に，十分接近した 2 点として P_1, P_2 をとる．P_1 での電界を $\boldsymbol{E}$ とし，P_1 から P_2 に向かう微小ベクトルを $d\boldsymbol{s}$ とすると，等電位面上の 2 点間の電位差 dV は 0 であるから，式 (2.51) より

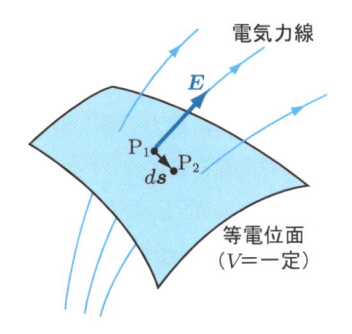

図 2.12　電気力線と等電位面は直交する

$$dV = -\boldsymbol{E}\cdot d\boldsymbol{s} = -E\cos\theta\cdot ds = 0 \tag{2.57}$$

これから，$\boldsymbol{E}$ と $d\boldsymbol{s}$ のなす角 θ は，$\theta = \pi/2$ となり，$\boldsymbol{E}$ と $d\boldsymbol{s}$ は直交する．$\boldsymbol{E}$ は電気力線の接線方向を向き，$d\boldsymbol{s}$ は等電位面に含まれるので，結局，電気力線と等電位面とは直交する．

例題 2-8　次の場合の等電位面はそれぞれどんな面か．
① 原点にある点電荷 q による電界の等電位面はどんな形か．
② y 方向の一様な電界 $E_y = E_0$ の等電位面はどんな形か．

解答　① 点電荷 q から距離 r にある点 P の電位は式 (2.46) から

$$V = k\frac{q}{r}$$

であるから，電位 V_1 等電位面は，半径 $r_1 = k\dfrac{q}{V_1}$ の球面となる．

② 式 (2.53) から $E_y = E_0 = -\dfrac{\partial V}{\partial y}$ を積分して

$$V = -E_0 y$$

よって，$y = -V/E_0$ で表される平行平面が等電位面になる．

2.9　電気双極子

たとえば，HCl のような有極性分子では，H の電子が Cl に移り，H$^+$ と Cl$^-$ の二つのイオンが接近して存在する．このように正と負の点電荷が短い距離 δ

第2章 静電界

だけ離れて配置しているものを，電気双極子（electric dipole）という．

もともと有極性でない物質でも，第4章に述べるように，それに電界が作用すると，電子が一方に引き寄せられ，他方の端に正電荷が残る場合がある．すなわち，電気双極子が生じる場合もある．

いま，図2.13に示すように，yz面上に位置ベクトルrの点Pを取り，$\pm q$の電荷からの距離をそれぞれr_1, r_2とする．点Pにおける電位は前出の式(2.47)より

$$V = kq\left(\frac{1}{r_1} - \frac{1}{r_2}\right) \tag{2.58}$$

となり，点Pが原点から十分離れているならば

$$r_1 \simeq r - \frac{\delta}{2}\cos\theta, \quad r_2 \simeq r + \frac{\delta}{2}\cos\theta \tag{2.59}$$

と近似できるので

$$V = kq\frac{\delta\cos\theta}{r^2 - \left(\frac{\delta}{2}\right)^2\cos^2\theta} \tag{2.60}$$

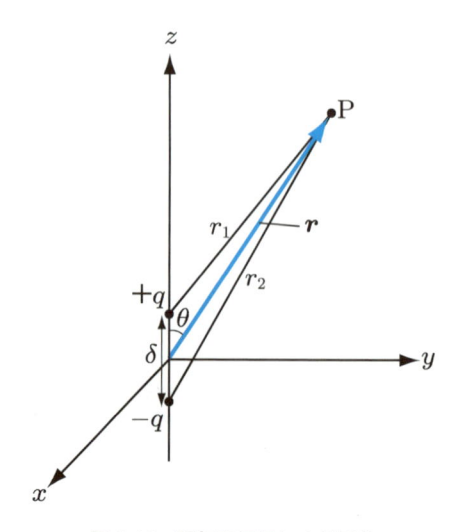

図2.13 電気双極子による電位

ここで，$r \gg \delta$，$\cos\theta \leq 1$，$r^2 \gg (\delta/2)^2$ であるから，電気双極子のつくる電位は

$$V = k\frac{q\delta\cos\theta}{r^2} \tag{2.61}$$

ここでベクトル $\boldsymbol{p}$ として，方向が $-q$ から $+q$ に向かい，大きさが

$$\boldsymbol{p} = |\boldsymbol{p}| = q\delta \tag{2.62}$$

であるようなものを定義する．これを電気双極子モーメント (electric dipole moment) と呼び，単位は [C·m] である．そうすると

$$\boldsymbol{p}\cdot\boldsymbol{r} = pr\cos\theta \tag{2.63}$$

より

$$p\cos\theta = \frac{\boldsymbol{p}\cdot\boldsymbol{r}}{r} \tag{2.64}$$

であるから，電気双極子 p による点 P の電位 V は，

$$V = k\frac{p\cos\theta}{r^2} = k\frac{\boldsymbol{p}\cdot\boldsymbol{r}}{r^3} \tag{2.65}$$

のように表せる．図 2.14 に示す r，θ 方向の電界成分は，この電位 V を偏微分して得られる．

$$E_r = -\frac{\partial V}{\partial r} = k\frac{2p\cos\theta}{r^3} \tag{2.66}$$

$$E_\theta = -\frac{1}{r}\frac{\partial V}{\partial \theta} = k\frac{p\sin\theta}{r^3} \tag{2.67}$$

この計算で，r 方向の線要素が dr であるのに対し，θ 方向の線要素は $rd\theta$ であることに注意しよう．電界の大きさ E は

$$E = \sqrt{E_r^2 + E_\theta^2} = k\frac{p\sqrt{1 + 3\cos^2\theta}}{r^3} \tag{2.68}$$

第2章 静電界

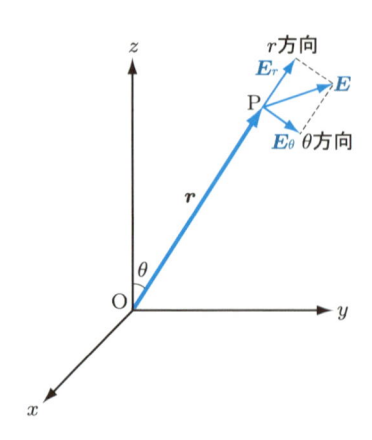

図2.14 電気双極子がつくる電界

となり，$r=$ 一定の面では，$\theta=0$ で最大，$\theta=\pi/2$ で最小になる．

次に，電気双極子に働く電気力を求める．図2.15 に示すように，z 方向を向いた一様な電界 E の中に，それに対して角度 θ 傾いた方向の電気双極子 p がある．正電荷 q には qE の力が z 方向に，また負電荷 $-q$ には qE の力が $-z$ 方向にそれぞれ働く．したがって合力は 0 である．しかし，力の作用点が異なるので，p を z 軸の方向に向けようとする偶力が働く．この力のモーメントの大きさは

$$N = qE\delta\sin\theta = (q\delta)E\sin\theta = pE\sin\theta \tag{2.69}$$

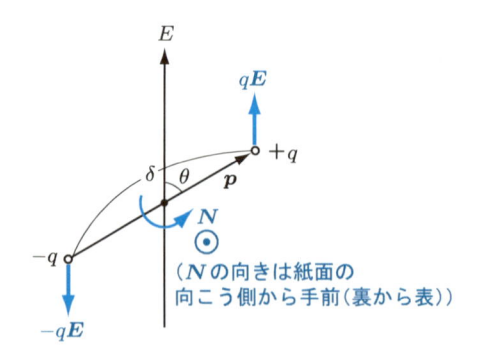

図2.15 電気双極子に働く電気力

2.9 電気双極子

回転の軸は p と E に垂直で,回転の向きは p から E に向かっている.したがって,力のモーメントをベクトルで表せば

$$N = p \times E \tag{2.70}$$

ここで,ベクトルどうしの積 × は<u>ベクトル積(外積)</u>である.ベクトル A と B のベクトル積は

$$A \times B \tag{2.71}$$

であり,その方向はベクトル A を A から B の方向に回したとき,右ねじの進む方向である.また,その大きさは A と B のつくる平行四辺形の面積

$$|AB\sin\theta| \tag{2.72}$$

で与えられる.

また,一様な電界に対する電位は $V = -Ez$ であり,回転中心を原点にとると図 2.15 より $z = \pm(\delta/2)\cos\theta$ であるから,電気双極子のポテンシャル・エネルギーは

$$\begin{aligned}U &= -qE\frac{\delta}{2}\cos\theta - (-q)E\left(-\frac{\delta}{2}\right)\cos\theta \\ &= -qE\delta\cos\theta = -pE\cos\theta = -\boldsymbol{p}\cdot\boldsymbol{E}\end{aligned} \tag{2.73}$$

例題 2-9 HCl 分子において,H および Cl がもつ電荷は $q = 2.6 \times 10^{-20}$ [C] であり,H と Cl の距離は $\delta = 1.3 \times 10^{-10}$ [m] である.
① 電気双極子モーメントの大きさを求めよ.
② HCl 分子の電気双極子モーメントベクトル $\boldsymbol{p}$ の方向から $45°$ 傾いた方向に $r = 2 \times 10^{-9}$ [m] 離れた点の電位を求めよ.

解答 ① $p = q\delta = 2.6 \times 10^{-20} \times 1.3 \times 10^{-10} = 3.4 \times 10^{-30}$ [C·m]
② 式 (2.65) において,$r = 2 \times 10^{-9}$,$\theta = 45°$ とおけば

$$V = 9.0 \times 10^9 \times \frac{3.4 \times 10^{-30} \times \cos 45°}{(2 \times 10^{-9})^2} = 5.4 \times 10^{-3} \text{ [V]}$$

2.10 電荷分布と電位（ポアソン／ラプラスの方程式）

われわれはこれまでに，①ガウスの法則として電荷密度 ρ と電界 $\boldsymbol{E}$ の関係を得た．また，②勾配という考えで電界 $\boldsymbol{E}$ と電位 V の関係も得ている．すなわち

① 微分形式のガウスの法則は

$$\frac{\partial E_x}{\partial x} + \frac{\partial E_y}{\partial y} + \frac{\partial E_z}{\partial z} = \frac{\rho}{\varepsilon_0} \tag{2.74}$$

あるいは，発散 div，または演算子 ∇ を用いて

$$\mathrm{div}\,\boldsymbol{E} = \nabla \cdot \boldsymbol{E} = \frac{\rho}{\varepsilon_0} \tag{2.75}$$

と表せる．

② 電界 $\boldsymbol{E}$ と電位 V の関係は勾配 grad，または演算子 ∇ を用いて

$$\boldsymbol{E} = -\mathrm{grad}\,V = -\nabla V \tag{2.76}$$

のように表すことができる．そこで，$\boldsymbol{E}$ をなかだちにして電位 V と電荷 ρ の関係を求めることができる．①の $\boldsymbol{E}$ に②の表式を入れると

$$\mathrm{div}(-\mathrm{grad}\,V) = \frac{\rho}{\varepsilon_0}$$

$$\therefore\ \mathrm{div}\cdot\mathrm{grad}\,V = -\frac{\rho}{\varepsilon_0} \tag{2.77}$$

ここで

$$\mathrm{div}\cdot\mathrm{grad} = \nabla^2 = \Delta \tag{2.78}$$

とおき，この演算子を**ラプラシアン**と呼ぶ．こうして，電位 V と電荷密度 ρ との間の関係式は

$$\mathrm{div}\cdot\mathrm{grad}\,V = \nabla^2 V = \Delta V = -\frac{\rho}{\varepsilon_0} \tag{2.79}$$

または

$$\frac{\partial^2 V}{\partial x^2} + \frac{\partial^2 V}{\partial y^2} + \frac{\partial^2 V}{\partial z^2} = -\frac{\rho}{\varepsilon_0} \tag{2.80}$$

のように表される．これが，**ポアソンの方程式**である．とくに電荷密度 $\rho = 0$ のときには，上式は

$$\mathrm{div}\cdot\mathrm{grad}\,V = \nabla^2 V = \Delta V = 0 \tag{2.81}$$

または

$$\frac{\partial^2 V}{\partial x^2} + \frac{\partial^2 V}{\partial y^2} + \frac{\partial^2 V}{\partial z^2} = 0 \tag{2.82}$$

となり，これを**ラプラスの方程式**と呼ぶ．

演習問題 2

1. $r = 20\,[\mathrm{m}]$ 離れた $q_\mathrm{A} = 2\,[\mu\mathrm{C}]$ と $q_\mathrm{B} = 3\,[\mu\mathrm{C}]$ の電荷の間に働くクーロン力の大きさを求めよ．
2. xy 平面内にある半径 a の原点を中心とした円周上に，電荷 q が一様に分布している．z 軸上の点 $\mathrm{P}(0,\,0,\,z)$ における電界を求めよ．
3. z 軸上に $\lambda\,[\mathrm{C/m}]$ の線密度で電荷が一様に分布している無限に長い直線状の電荷がある．z 軸から垂直に $R\,[\mathrm{m}]$ 離れた点 P における電界を求めよ．
4. 半径 a_1 の小雨滴は電荷 Q，半径 $a_2\,(= 2a_1)$ 大雨滴は電荷 $2Q$ を持つ．はじめに，それらは互いに十分離れて存在するとして，次の問に答えよ．
   ① 小雨滴の電位 V_1 を求めよ．
   ② 大雨滴の電位 V_2 を求め，それを V_1 で表せ．
   ③ 小雨滴が 3 個，大雨滴が 3 個，合計 6 個が全部集まって特大の雨滴になった場合の電位 V_3 を求め，それを V_1 で表せ．
5. $q_0 = 2\,[\mu\mathrm{C}]$ の点電荷から，$r_\mathrm{A} = 5\,[\mathrm{m}]$ 離れた点 A から $r_\mathrm{B} = 10\,[\mathrm{m}]$ 離れた点 B へ $q = 5\,[\mu\mathrm{C}]$ の電荷を移動させた場合，取り出せる仕事量を求めよ．

3 導体

導体は電気を伝えるが，電荷の移動が終わった状態での導体と静電界の関係をみよう．ここでは，今までに勉強した電界，ガウスの法則が使われる．誘導電荷分布と電位，尖端放電，静電遮へい，電気容量，静電エネルギー，応力などについて学ぶ．

3.1 静電誘導と電界

導体の中には，電荷を持ちかつ自由に動き回れる粒子（電子やイオン）がある．その導体の近くに電荷を持ってくると，その影響を受けて，導体内の電荷は移動して，ある状態におちつく．たとえば，図 3.1 のように，金属の塊りの中の電子（負電荷）は外部の正電荷に近い側に引き寄せられる．反対側には正の電荷が現れる．

接触していない外部の電荷によって，導体の中に正負の電荷分布が誘発される現象を<u>静電誘導</u>（electrostatic induction）という．こうして集まった電荷を<u>誘導電荷</u>（induced charge）という．

静電誘導が起こる原因は，次のように説明できる．外部電荷のつくる電界を<u>外部電界</u>（external field）というが，導体がこの電界の中におかれると，導体の中にはこれを打ち消すように逆向きの電界が発生する．そうなるように導体の内部で，いままでは中和していた正負の電荷が分かれ，いわゆる誘導電界

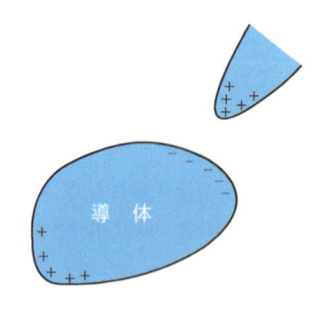

図 3.1 導体に誘起される電荷

3.1 静電誘導と電界

が生じる．すなわち

$$（外部電界\ E_e）=（-\ 誘導電界\ E'）\tag{3.1}$$

であり，結論として，導体の内部では電界は 0 に保たれるのである．

状況を整理すると

> **ポイント**
> ① 静電誘導の状態では，導体内部に電界はない．

導体の内部だけでなく表面に沿っても電流は流れていないはずだから，導体の表面に平行な電界の成分はない．したがって

> **ポイント**
> ② 静電誘導の状態では，導体の表面では電界は面に垂直である．

そして，導体の内部では $E = 0$ であるから

> **ポイント**
> ③ 導体内の電位はいたるところ等しい．特に，導体表面は等電位面である．

例題 3-1 図 3.2 の破線のような一様な外部電界（左が高電位，右が低電位とする）の中に，次の①，②ように導体がおかれたなら，その周りの電界はどうなるか，電気力線を実線で示せ．2 次元的（定性的でよい）に

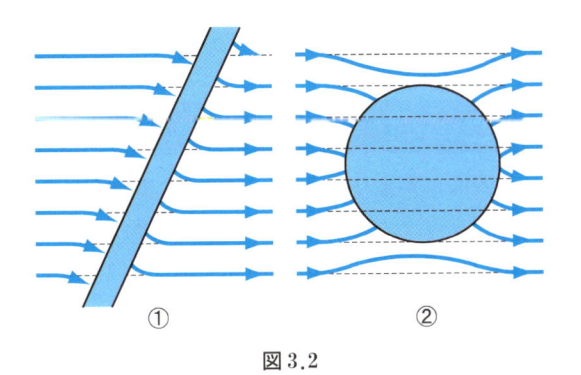

図 3.2

示せ．
① 平らな板の導体を，外部電界に少し斜めにおく場合．
② 円柱の導体を，外部電界に直角におく場合．

解答 図 3.2 中の青色の実線

次に，一様な外部電界（下が高電位とする．電界のベクトルは上向き）の中に 図 3.3 のように導体板を入れた場合，導体内部の誘導電界と誘導電荷を考えてみよう．

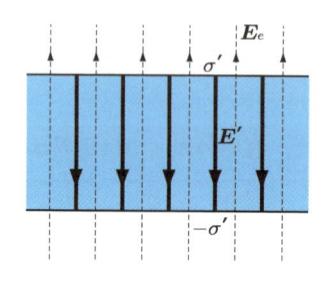

図 3.3 導体板の静電誘導

式 (3.1) により，導体内部の誘導電界は $E' = -E_e$ である．この誘導電界の電気力線は導体の上面から出発して下面で終わる．ということは，導体上面に正の電荷密度 σ' が，下面には負の電荷密度 $-\sigma'$ が誘導電荷として現れる．

こうして導体内では，上下面の誘導電荷がつくる誘導電界と外部電界とがちょうど打ち消しあって 0 となり，導体外部では元からあった外部電界がそのままになっているのである．

3.2 導体と電荷

誘導電荷は導体の表面に集まり，導体の内部にたまることはない．それはガウスの法則を考えれば証明できる．導体内部に閉曲面 S_0 を取ると，導体の内部では $E = 0$ であるから，電界の面積分は 0 になる．だから閉曲面の内部には q が存在しないことになる．どんな閉曲面を取ってもよいから，導体内部

3.2 導体と電荷

ではどこもかしこも電荷がないことになる．

次に，導体表面の電荷を求めるには，図3.4のように面積要素 ΔS を囲んで表面に垂直な柱面を考える．ここでガウスの法則

$$\int_{s_0} E_n dS = \frac{1}{\varepsilon_0} \int_V \rho dV \tag{3.2}$$

を適用する．ここで，E_n は誘導電界と外部電界との合成電界の外向き法線成分である．導体内の下面と横の面では $E_n = 0$ であり，上面だけが E_n として存在する．

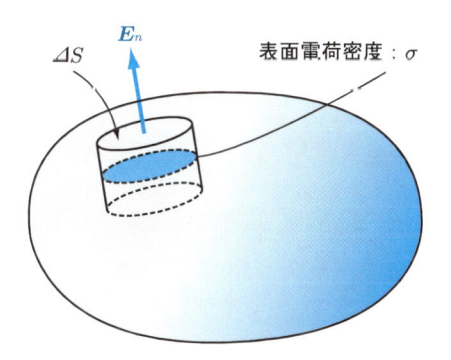

図3.4 導体におけるガウスの法則

そこで，ガウスの法則の左辺は $E_n \Delta S$ となる．一方，柱面内の電荷量は $\sigma \Delta S$ であるから，

$$E_n \Delta S = \frac{\sigma \Delta S}{\varepsilon_0} \tag{3.3}$$

よって，表面の電荷密度 σ と電界の関係は

$$\sigma = \varepsilon_0 E_n \tag{3.4}$$

ここまでは，導体の外部に存在する電荷のために，導体内に誘導電荷が発生することについて考えてきた．そうではなくて，その導体の中に正のイオンと

第3章 導　体

か，電子とかを加えたときはどうなるか？　すなわち，本来中性の状態の導体を構成しているもともとのイオンや電子のほかに，持ち込まれたよそものの電荷があったらどうなるかである．これらもやはりいわゆる外部電荷だといえる．

正電荷の場合には金属の電子が正電荷の周りに引き寄せられ，金属の中に電界がなくなるまで続く．その結果，表面付近に電子が減少し，正の電荷が残る．電子の場合にも同様であり，互いの斥力で表面のみに分布してしまう．

こうして，持ち込まれた電荷でも，それらは導体の表面だけに分布し，導体内部には電荷も電界も生じない．

次に，球面上の電荷について考える．半径が a の導体球に電荷 Q が与えられているとする．この電荷は球の表面上に分布する．よって，その面密度 σ は

$$\sigma = \frac{Q}{4\pi a^2} \tag{3.5}$$

したがって，電界は r 方向にあって
$r < a$（球内）ならば

$$E_r(r) = 0 \tag{3.6}$$

$r > a$（球外）ならば

$$E_r(r) = \frac{Q}{4\pi\varepsilon_0 r^2} \tag{3.7}$$

また，導体球の電位は，球外の電界（$r > a$ の式(3.7)）を用い，無限遠を基準として計算する．すなわち

$$V = -\int_\infty^a E_r(r)dr = -kQ\int_\infty^a \frac{dr}{r^2} = kQ\left[\frac{1}{r}\right]_\infty^a = k\frac{Q}{a} \tag{3.8}$$

> **例題 3-2**　半径 20 [cm] の導体球に，$Q = 1.0 \times 10^{-7}$ [C] の電荷を与えた．①この場合の電位 V を求めよ．②半径を 10 分の 1 にしたら，電位 V はどうなるか．

解答 ① 式(3.8)から
$$V = 9.00 \times 10^9 \times \frac{1.0 \times 10^{-7}}{0.2} = 4.5 \times 10^3 \, [\text{V}]$$
② 上式から電位は10倍，すなわち $V = 4.5 \times 10^4 \, [\text{V}]$ になる．

次に，図3.5に示すような導体内の中空領域の電界について考える．導体は静電界中におかれてもその内部には電界は生じない．また，導体は外から電荷を与えてもその内部には電界を生じない．これは導体の内部で，外部電界や持ち込まれた電荷による電界を打ち消すように電荷が分布をつくり出すからである．

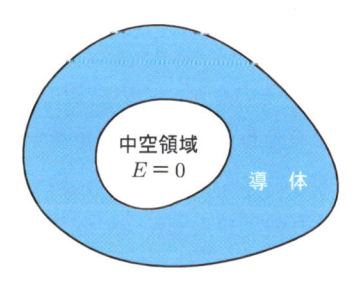

図3.5 静電遮へい

それだけでなく，内部に中空の場所があるときには，その中空領域に電荷がなければそこには外部からの電界の影響は何も存在しない．すなわち，電界は生じない．こういった現象を**静電遮へい**（electrostatic screening）という．

外部電荷が中空領域に存在するときには当然その領域にも電界は存在する．その電荷によって導体内部に生じるはずの外部電界を打ち消すような誘導電荷が中空領域の内側面に引き起こされる．これによって，外側面にはそれに対応した表面電荷が生じる．

ここで注意すべきは，その外側面の電荷の分布，およびそれによる導体外の電界は中空領域にある電荷の総量にのみ関係し，その位置には無関係である．これはガウスの法則から明らかである．すなわち，導体で包まれた中空領域と導体外の領域とは静電的に独立である．

この静電遮へいは，外界の影響を遮断して電気計測を行うときに利用される．

金属で完全に密閉する必要はない．隙間の大きさに比べて十分中に入ったところであれば静電遮へいの効果がある．

3.3 静電誘導と静電界の解析法

　導体は電荷や静電界の影響で静電誘導を生じるが，その結果としての静電界の様子を具体的な場合について求めるのはやさしくはない．導体の内部は電界がゼロだからマアよいとして，その周辺がどうなるかである．すなわち，導体上の誘導電荷と導体外の電界がどうなるかである．この両者は導体の表面において，前出の式(3.4)

$$\sigma = \varepsilon_0 E_n$$

によってつながりを持っているのだが，この右辺の E_n，すなわち導体表面の電界は，外部電界だけでなく分布している誘導電荷全体による電界も含めて決まってくるので，話が単純にいかないのである．いろいろな手法が研究されてきているが，次に，そのうちの二つの例について述べよう．

　(a) 鏡 像 法 (image method)

　図3.6に示すように，広い平面（yz面）の近くに原点Oから距離aだけ離れたx軸上の点Aに(+)の点電荷qがあるとしよう．導体がなければ電気力線は点Aから出て放射状に広がるはずだが，導体があるから，導体の表面に

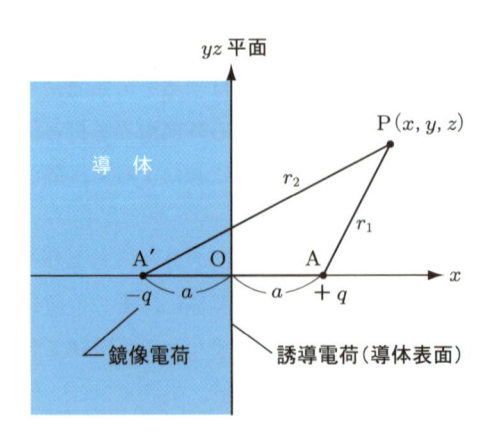

図3.6　点電荷と平面導体

3.3 静電誘導と静電界の解析法

対しては,垂直に入射する.そうなるように導体表面には($-$)の誘導電荷が分布する.定量的に議論するには電位 V で考えた方がよい.$x=0$ では等電位面であるから,$x>0$ の電位としては

① それによる電界がガウスの法則を満足し
② $x=0$ で,$V_0=$ 一定

であればよい.

この条件を満足するためには,表面に関して対称な点(鏡像点)A′に電荷 $-q$ をおけばよい.これを鏡像法(image method)といい,点 A′ においた電荷 $-q$ を鏡像電荷という.この鏡像電荷と,もとの点 A にある電荷 q との両方による電位は任意の点 $\mathrm{P}(x,y,z)$ において,(ただし $x>0$)

$$V_\mathrm{p} = kq\left[\frac{1}{\sqrt{(x-a)^2+y^2+z^2}} - \frac{1}{\sqrt{(x+a)^2+y^2+z^2}}\right] \qquad (3.9)$$

$x \leqq 0$ では,どこでも $V_\mathrm{p}=0$ である.$x>0$ における電界はこの V_p を微分して求められる.すなわち

$$E_x = kq\left[\frac{x-a}{((x-a)^2+y^2+z^2)^{3/2}} - \frac{x+a}{((x+a)^2+y^2+z^2)^{3/2}}\right] \qquad (3.10)$$

$$E_y = kqy\left[\frac{1}{((x-a)^2+y^2+z^2)^{3/2}} - \frac{1}{((x+a)^2+y^2+z^2)^{3/2}}\right] \qquad (3.11)$$

$$E_z = kqz\left[\frac{1}{((x-a)^2+y^2+z^2)^{3/2}} - \frac{1}{((x+a)^2+y^2+z^2)^{3/2}}\right] \qquad (3.12)$$

表面 ($x=0$) では,$E_y=E_z=0$ である.

次に,表面の誘導電荷を求めるには上式から $x=0$ における E_x,すなわち,E_n を計算し

$$E_n = E_x(0) = \frac{-qa}{2\pi\varepsilon_0(a^2+y^2+z^2)^{3/2}} \qquad (3.13)$$

第3章 導　　体

これから σ を求めると

$$\sigma = \varepsilon_0 E_n = \frac{-qa}{2\pi(a^2+y^2+z^2)^{3/2}} \tag{3.14}$$

この σ を $x=0$ の上で積分すると，全電荷 Q が得られる．すなわち

$$Q = \int_S \sigma dS = \int_S \frac{-qa}{2\pi(a^2+y^2+z^2)^{3/2}} dS \tag{3.15}$$

ここで，$r^2 = y^2+z^2$ とし，$dS = 2\pi r dr$ とすれば

$$Q = \int_0^\infty \frac{-qa}{2\pi(a^2+r^2)^{3/2}} 2\pi r dr = -qa \int_0^\infty \frac{r}{(a^2+r^2)^{3/2}} dr$$

$$= -qa \left[-\frac{1}{(a^2+r^2)^{1/2}} \right]_0^\infty = -qa \times \frac{1}{a} = -q \tag{3.16}$$

当然のことながら，この全誘導電荷は $-q$ になるのである．
この負の誘導電荷によって，点電荷 q は平面導体の方に引きつけられる．この鏡像力 (image force) の大きさは電界の大きさ E_x から求められる．すなわち，式(3.10)において $x=a$, $y=z=0$ とおけば，第2項が残り

$$E_x = \frac{q}{4\pi\varepsilon_0} \left[-\frac{2a}{((2a)^2)^{3/2}} \right] = -\frac{q}{16\pi\varepsilon_0 a^2} \tag{3.17}$$

したがって，鏡像力の成分 F_x は

$$F_x = qE_x = -\frac{q^2}{16\pi\varepsilon_0 a^2} \tag{3.18}$$

これは点電荷 q と鏡像電荷 $-q$ の相互の電気力に等しい．すなわち，この16という数字のあるところを書きかえてみると，

$$F_x = -\frac{1}{4\pi\varepsilon_0} \cdot \frac{q^2}{(2a)^2} \tag{3.19}$$

これは，互いに $2a$ 離れた正負の電荷 q どうしが引き合うクーロン力だから

3.3 静電誘導と静電界の解析法

である．鏡像力は金属の表面近くにおける電子やイオンの運動に重要な役割を果たしている．

(b) 一様電界中の導体球

図3.7に示すように，x 軸に平行で一様な外部電界 $E_x = E_e$ があり，$x = 0$ の原点に中心をおいた導体球がある．この場合には電位および電界はどのようなるか．

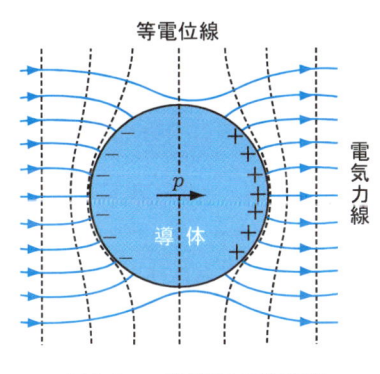

図3.7 一様電界中の導体球

この問題を解くためには，球内に誘導電荷による電位を加えて，球面上では電位が一定になるようにする．それには，原点にあって x 方向を向いている電気双極子の電位を考えればよい．これは

$$V_d = \frac{px}{4\pi\varepsilon_0 r^3} \tag{3.20}$$

であるから，外部電界との和をとれば

$$V = -E_e x + \frac{px}{4\pi\varepsilon_0 r^3} \tag{3.21}$$

ここで

$$p = 4\pi\varepsilon_0 a^3 E_e \tag{3.22}$$

のように選ぶならば，球の表面，すなわち $r = a$ において $V = 0$ (一定) と

できる.

これは, 例題 3-1 ②の場合と同じである. この場合の電位分布はこのように与えられるのである. すなわち

① $x = 0$ では, y 軸に沿って $V = 0$ の線が上下に伸びている.
② $|x| \gg a$ であれば, やはり等電位線は y 軸に平行になっている.
③ $|x|$ が a より少し大きいと, 等電位線は球の膨らみに沿って出っぱっている.

このように, 等電位線と電気力線とは常に直交するようになっている.

3.4 静電容量

向かい合った導体 A, B の対の, 一方の A に正の電荷 Q, 他方の B に負の等量の電荷 $-Q$ をためるような系を**コンデンサ** (condenser) または**キャパシタ** (capacitor) という. 孤立した導体球も, 片方の導体が無限遠方に存在すると思えば, コンデンサの特別な例となる.

導体 A, B の電位を V_A, V_B とすると, 電位差 $V = V_A - V_B$ は電荷 Q に比例する. この関係を

$$Q = CV \tag{3.23}$$

と表し, 係数 C を A と B との間の**電気容量** (electric capacitance) または**静電容量**という.

電気容量の単位は [F (ファラッド)] である. 1 [F] とは, 1 [V] の電位差のコンデンサに 1 [C] の電荷が蓄えられたときの電気容量である. 普通は 1 [μF]($= 10^{-6}$ [F]), 1 [pF]($= 10^{-12}$ [F]) がよく用いられている.

例題 3-3 $\pm 5.0 \times 10^{-8}$ [C] の摩擦電気を蓄えているコンデンサの電位差が 20 [V] であった. 電気容量はいくらになるか.

解答
$$C = \frac{Q}{V} = \frac{5.0 \times 10^{-8}}{20} = 2.5 \times 10^{-9} \text{ [F]} = 2.5 \times 10^{3} \text{ [pF]}$$

3.4 静電容量

図3.8に示すように，広い導体板AとBが狭い間隔dを隔てて互いに平行になるように置かれているコンデンサを平行平板コンデンサと呼ぶ．この場合，極板の端の部分を除くと電荷分布は一様となる．電荷密度σは，極板面積をSとして$\sigma = Q/S$であり，電界の強さは$E = \sigma/\varepsilon_0$である．これから電位差を求めると

$$V = Ed = \frac{\sigma}{\varepsilon_0}d = \frac{d}{\varepsilon_0 S}Q \tag{3.24}$$

よって，平行平板コンデンサの電気容量は

$$C = \frac{Q}{V} = \frac{\varepsilon_0 S}{d} \tag{3.25}$$

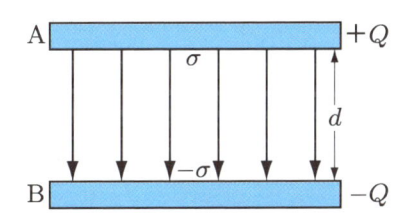

図3.8 平行平板コンデンサ

例題 3-4 ① $S = 1.0\,[\text{m}^2]$，$d = 1\,[\text{cm}]$ の平行平板コンデンサの電気容量を[pF]単位で求めよ．
② $S = 1.0\,[\text{m}^2]$，$d = 0.05\,[\text{mm}]$ の平行平板コンデンサの電気容量[μF]単位で求めよ．

解答

① $C = \dfrac{\varepsilon_0 S}{d} = \dfrac{8.85 \times 10^{-12} \times 1}{10^{-2}} = 8.85 \times 10^{-10}[\text{F}] = 8.85 \times 10^2\,[\text{pF}]$

② $C = \dfrac{\varepsilon_0 S}{d} = \dfrac{8.85 \times 10^{-12} \times 1}{5 \times 10^{-2} \times 10^{-3}} = 1.77 \times 10^{-7}[\text{F}] = 0.177\,[\mu\text{F}]$

次に，図3.9に示すように，共通の中心を持つ半径aの内球Aと，半径b

第3章 導　体

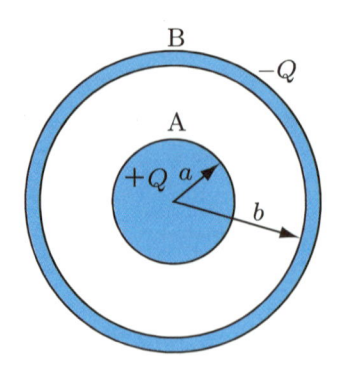

図3.9　同心球殻コンデンサ

の外球殻Bとからなる系について考えよう．これを，**同心球殻コンデンサ**と呼ぶ．それぞれに電荷 $+Q$，$-Q$ を与えると，電気力線は中心から半径方向に放射状に広がり，かつ内球と外球殻の間にのみ存在する．

電界の大きさ E_r は既述のごとく，ガウスの法則より

$$E_r = \frac{Q}{4\pi\varepsilon_0 r^2} \tag{3.26}$$

で与えられる．Bに対するAの電位差は，この E_r を積分すればよい．すなわち

$$V = -\int_B^A E_r dr = \int_A^B \frac{Q}{4\pi\varepsilon_0 r^2} dr = \frac{Q}{4\pi\varepsilon_0}\left(\frac{1}{a} - \frac{1}{b}\right) \tag{3.27}$$

であるから，同心球殻コンデンサの電気容量は

$$C = \frac{Q}{V} = \frac{4\pi\varepsilon_0 ab}{b-a} \tag{3.28}$$

なお，$b \to \infty$ とすると，

$$C = 4\pi\varepsilon_0 a \tag{3.29}$$

となるが，これは孤立導体球の静電容量と一致する．

3.5 静電エネルギー

2枚の平行板がコンデンサをつくるという．しかし，それに電気がたまっていようといまいと，見たところでは何の変わりもない．それなのにエネルギーが違うという．エネルギーってどうなっているのだろう？ なんだかよくわからなかったものである．

コンデンサに電気をためるということは，最初，同じところにくっついて中和していた正負の電荷を，二つの導体に引き離して与えるということである．正負の電荷の間には，引力が働くから，それに逆らって，引き離すには仕事が必要である．したがって，コンデンサに電気をためた状態は，ためていない状態にくらべてエネルギーを持つはずである．このエネルギーを **静電エネルギー** (electrostatic energy) と称する．

はじまりの $Q=0$ の状態から，ある程度の電荷 q が蓄積された途中の状態を考えよう．そのときの電位差を $V(q)$ とすると

$$V(q) = \frac{q}{C} \tag{3.30}$$

次に，微小電荷 Δq を負の極板から正の極板に移動させることにしよう．これに要する仕事は

$$\Delta W = V(q)\Delta q \tag{3.31}$$

このようにして，電荷 q が 0 の状態から Q になるまでの仕事を積み重ねると必要な仕事の総量が得られる．すなわち

$$W = \int_0^Q dW = \int_0^Q V(q)dq = \int_0^Q \frac{q}{C}dq = \frac{Q^2}{2C} = \frac{1}{2}QV(Q) \tag{3.32}$$

したがって，キャパシタの静電エネルギー U_e は

$$U_e = \frac{Q^2}{2C} = \frac{1}{2}QV = \frac{1}{2}CV^2 \tag{3.33}$$

第3章 導　体

> **例題 3-5**　電気容量 5.8×10^4 [pF] のキャパシタを，起電力が 50 [V] の電池に接続して充電した．① 充電電荷はいくらか．② 静電エネルギーはいくらか．
>
> **解答**　① 充電電荷 Q は
>
> $$Q = CV = 5.8 \times 10^4 \times 10^{-12} \times 50 = 2.9 \times 10^{-6} \text{ [C]}$$
>
> すなわち，$+2.9 \times 10^{-6}$ [C] および -2.9×10^{-6} [C]．
>
> ② 静電エネルギー U_e は
>
> $$U_e = \frac{1}{2}CV^2 = \frac{1}{2} \times 5.8 \times 10^{-8} \times 50^2 = 7.25 \times 10^{-5} \text{ [J]}$$

ここで，この静電エネルギーが何によって担われているか考えておこう．電荷相互の電気力を考える立場からは，当然 $\pm Q$ の電荷が担っていることになろう．しかし，電荷が電界をつくるという立場からは，電界が担うということにもなる．実際，充電前には極板の間にはなかった電界というモノができてくるのであり，その電界をつくるのには仕事が必要であった．したがって，静電エネルギーはつくられた電界に蓄えられていると考えるのももっともである．

正負の電荷はゴム紐のようなもので結ばれていて，両者を引き離すとゴムが伸びて引力が働く．それに逆らいながら引き離していった仕事は，ゴム紐の伸びのエネルギーとなる．このゴム紐は電気力線なのである．

次に，静電エネルギー密度について考える．簡単のために，平行平板コンデンサで考えよう．電界 E は極板間に一様にできる．したがって，エネルギーも極板の間に一様に分布していると考えてもおかしくはない．その体積密度を u として，これを求める．

式 (3.24)，(3.25)，(3.33) より，平行平板コンデンサの静電エネルギー U_e を電界 E の関数として表すと次のようになる．

$$U_e = \frac{1}{2} \times \frac{\varepsilon_0 S}{d} \times (Ed)^2 = \frac{\varepsilon_0}{2} E^2 Sd \tag{3.34}$$

ここで，Sd は極板間の体積であるから，静電エネルギーの体積密度 u は

$$u = \frac{\varepsilon_0}{2} E^2 \tag{3.35}$$

のように表すことができる．

> **例題 3-6** 例題 3-5 において，コンデンサの極板の間隔は $0.5\,[\mathrm{mm}]$ であった．この場合のエネルギー密度を求めよ．
>
> **解答** 電界は
> $$E = \frac{V}{d} = \frac{50}{0.5 \times 10^{-3}} = 10^5\,[\mathrm{V/m}]$$
> であるから，静電エネルギー密度は
> $$u = \frac{\varepsilon_0}{2}E^2 = \frac{8.85 \times 10^{-12}}{2} \times 10^{10} = 4.42 \times 10^{-2}\,[\mathrm{J/m^3}]$$

3.6 導体に働く電気力

平行平板コンデンサの極板には正負の電荷があるから，極板どうしでは引力が働いている．この力を，前節で述べた静電エネルギーを使って求めてみよう．

2 枚の平板がそれぞれ正負の電荷を有するとき，手をはなせば両極板はくっついてしまう．その極板間隔が d であるとき（d を保つとき）両極板が引き合う力を求めよう．片方の極板を固定しておき，極板が引き合っている力 $\boldsymbol{F}$ に抗して他方を $\Delta \boldsymbol{d}$ だけ引っ張ったとする．そのときしなければならない仕事 ΔW は

$$\Delta W = -\boldsymbol{F} \cdot \Delta \boldsymbol{d} = -F\Delta d \tag{3.36}$$

である（ここで，力 $\boldsymbol{F}$ は引力であり，$\Delta \boldsymbol{d}$ とは反対方向であるため，F の符号を $-$ とし，ΔW を正の値にするために $F\Delta d$ に $-$ の符号を付けた）．

この仕事は，キャパシタの静電エネルギー U_e を増加させることになる．すなわち

$$\Delta W = -F\Delta d = \Delta U_e = \frac{\partial U_e}{\partial d}\Delta d \tag{3.37}$$

よって

$$F = -\frac{\partial U_e}{\partial d} \tag{3.38}$$

第3章　導　体

ここで，先に述べた静電気エネルギー U_e の式 (3.33) を用いると

$$F = -\frac{\partial}{\partial d}\left(\frac{Q^2}{2C}\right) \tag{3.39}$$

ここで，$Q = $ 一定，$C = \varepsilon_0 S/d$ であるから

$$F = -\frac{Q^2}{2}\frac{\partial}{\partial d}\left(\frac{d}{\varepsilon_0 S}\right) = -\frac{Q^2}{2\varepsilon_0 S} \tag{3.40}$$

が得られる．すなわち，互いに引き合う力は電荷の 2 乗に比例し，極板の面積に反比例する．電極間隔 d には直接は無関係であることがおもしろい．

次に，単位面積あたりの力を考えてみよう．電荷密度 $\sigma = Q/S$ を考慮すると

$$F = -\frac{(\sigma S)^2}{2\varepsilon_0 S} = -\frac{\sigma^2 S}{2\varepsilon_0} \tag{3.41}$$

したがって，単位面積あたりの力の大きさ f は

$$f = \frac{\sigma^2}{2\varepsilon_0} \tag{3.42}$$

さらに，極板間の電界の強さ E_n に関して $\sigma = \varepsilon_0 E_n$ の関係を用いると，

$$f = \frac{1}{2}\varepsilon_0 E_n{}^2 = \frac{1}{2}\sigma E_n \tag{3.43}$$

演習問題 3

1. 孤立した導体球（半径 R）があって，電荷 Q をもっている．この球の表面における電位 $V(R)$ と電界の強さ $E_r(R)$ との関係式を求めよ．
2. 50 万ボルトの高電圧装置を空気中で火花放電させないようにするには，どのくらいの丸さ（曲率半径 R [m]）を持ったカバーで覆っておかねばならないか．ただし，空気中で火花放電の起きる電界の強さは 3×10^6 [V/m] であるとする．
3. 電界電子顕微鏡（FEM：Field Emission Microscope）では針の先を曲率半径 500 [Å]（1 [Å]＝10^{-10} [m]）程度にすると強い電界ができ，電子が放出され，それがつくるパターンから金属の表面の様子を調べることができる．針の電位がそ

れぞれ 100 [V], 1 [kV], 10 [kV] のときの針先の電界の強さはいくらか.
4. 半径 2 [cm], 極板間距離 0.5 [mm] の平行円盤コンデンサの静電容量を求めよ.
5. 地球を半径 $a = 6.4 \times 10^6$ [m] の導体球と考え, その静電容量を求めよ.

4 誘電体

電流を流さない絶縁体は静電界を部分的に通すので，誘電体と呼ばれる．電界によって，誘電体の中には電気的な分極を生じる．その結果生じる分極電荷の分布によって，電界が変化を受ける．ここでは電束密度という新しい場を導入する．

4.1 誘電体の働き

電界の影響を受けて，物質が示す特別な性質についての議論をはじめよう．前章で導体について述べたが，導体においては電荷は電界に従って自由に動くので導体の中にはいつも電界がなくなる．

ここで論じるのは絶縁体（insulator）で，これは電荷を導かない．では何の影響も受けないはずと思うかもしれないが，ファラデーは平板コンデンサの容量が極板間に絶縁体を挿入すると増加することを示した．容量は κ 倍になる．この因子は絶縁体の性質だけで決まる．絶縁体を誘電体（dielectrics または dielectric materials）ともいう．

因子 κ を比誘電率という．真空の比誘電率はもちろん1である．いくつかの物質の κ の値を表 4.1 に示す．

静電容量が κ 倍になるということは，同一電荷に対して電位差が $1/\kappa$ になる

表 4.1 種々の物質の比誘電率

物 質	κ	物 質	κ
水 素	1.000264	磁 器	5.0〜6.5
空 気	1.000586	酸化チタン磁器	30〜80
変圧器油	2.2〜2.4	白マイカ	6〜7
エチルアルコール	25.8	ガラス	3.5〜4.5
水	80.7	木 材	2〜3
パラフィン	1.9〜2.5	紙	1.2〜2.6

ということである．したがって，それは，同一電荷に対する電界の強さが真空に比べて $1/\kappa$ になるということである．もしそうだとすると，絶縁体の中ではクーロン力はやはり $1/\kappa$，点電荷に対する電界の大きさも $1/\kappa$ となる．

そうなると，絶縁体は単に電荷の移動を許さないというだけではなく，そこでは，物質ごとに異なる様子で，ある種の電気作用が行われていると考えねばならなくなる．この意味から絶縁体を誘電体と呼ぶ．

例題 4-1 2枚の平行平板に電荷 $\pm Q$ を与えた．$Q = 5\,[\mu\mathrm{C}]$ のとき，電位差は $V_1 = 30\,[\mathrm{V}]$ であった．導体板間に誘電体を入れたところ，電位差が $V_2 = 6\,[\mathrm{V}]$ になった．

① 誘電体の比誘電率 κ を求めよ．
② 誘電体を入れる前後の電気容量を求めよ．

解答
① $V_2/V_1 = 1/\kappa$ であるから，$\kappa = V_1/V_2 = 30/6 = 5$
② $C_1 = Q/V_1 = 5 \times 10^{-6}/30 = 0.166 \times 10^{-6}\,[\mathrm{F}] = 0.166\,[\mu\mathrm{F}]$
　　$C_2 = Q/V_2 = 5 \times 10^{-6}/6 = 0.833 \times 10^{-6}\,[\mathrm{F}] = 0.833\,[\mu\mathrm{F}]$

4.2　物質の分極

孤立した中性原子では，図 4.1 (a) に示すように，中心に正電荷を持つ原子核があり，その周りを負電荷を持ついくつかの電子が運動している．これら電子の負電荷の総和は原子核の正電荷と等しい．また，電子の運動は平均すれば球対称であり，正負の電荷の中心は常に一致している．したがって，原子は電

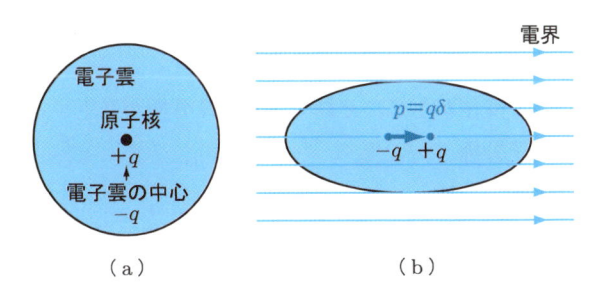

図 4.1　電界による中性原子の分極

第4章 誘 電 体

気的に外部に対して作用を及ぼさない．

しかし，このような中性原子に電界を加えると，図4.1(b)のように正負の電荷の中心が相対的にずれて，双極子モーメントを持つようになる．ズレをδとし，電荷を$\pm q$とすれば，$p = q\delta$で，その向きは負電荷から正電荷へ向かう方向，いいかえると，外部電界の向きになる．移動の距離δは，電子と原子核を引き離そうとする電界の力と，それを引き戻そうとする両粒子間の引力とのバランスで決まる．

このような中性原子からなる絶縁体を，平行平板コンデンサの極板間に入れて電圧をかけてみよう．各原子は電気双極子となり，模式的には図4.2の小さな楕円のようになる．内部では打ち消し合い，極板に面した表面では電荷が現れる．このとき，この絶縁体は誘電分極を起こしたという．

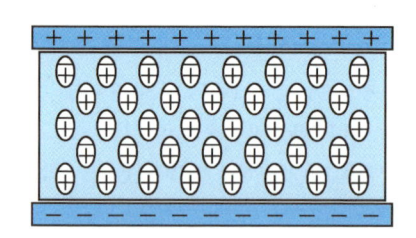

図4.2 平行平板コンデンサ内の誘電体の分極

一般に，誘電体を構成している電子と原子核，あるいは正イオンと負イオンとが電界の作用でわずかに分離する現象のことを誘電分極あるいは単に分極((dielectric) polarization) という．

誘電分極は双極子モーメントが誘起される機構によって，次の2種類あるいは3種類に大別される．

- 無極性分子（中性分子）の場合
  電界がかかって変位が生じ，それではじめて分極が発生する．
    (a) 電子分極
    (b) イオン分極
- 有極性分子の場合
  微視的にもともと分極があり，それらの向きが電界で揃う．

(c) 配向分極

以下，これらの分極機構について簡単に説明する．

ⓐ 電子分極

原子核の正電荷と電子の負電荷が電界の作用で相対的な変位をするために起こる分極現象．上記の中性原子や，正負の電荷分布に偏りのない場合，すなわち無極性分子，たとえば，N_2，O_2，CO_2，CH_4などで起こる．

ⓑ イオン分極

イオン結晶では，正負のイオンが交互に規則正しく並んで格子をつくる．このときは先のように原子核と電子のほかに，正負のイオンが相互に変位して分極する．イオンの電荷を$\pm q$とし，各イオンの格子点からの変位量をδとすれば，双極子モーメントの大きさは$q\delta$となる．

ⓒ 配向分極

分子の中には，はじめから正負の電荷が偏在して，外部の電界がなくても，もともと固有の電気双極子モーメント（永久電気双極子モーメントともいう）を持つものがある．いわゆる有極性分子(または極性分子)で，たとえば，H_2O，HCl，NH_3，C_2H_5OH（エタノール）などである．

水の分子では，図4.3に示すように，O原子との結合をつくるためにH原子に属する電子はいくぶんO原子の方に移っている．そのため，H原子は正に，O原子は負に帯電しており，H_2O分子はH-O-Hの角を2等分する方向に6.5×10^{-30} [C·m]の大きさの電気双極子モーメントを持つ．

ところで，このような分子からなる気体や液体は，そのままではなんらの電気作用も示さない．それは，各分子が熱運動によってまったく無秩序に勝手な

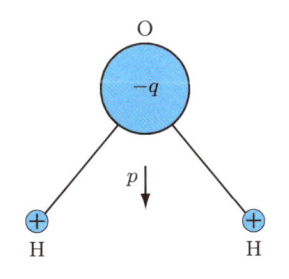

図4.3　H_2O分子が持つ永久双極子モーメント

第4章 誘電体

方向を向いているからである．そこへ電界がかかると，双極子には双極子が電界の方向を向くような偶力が働く．このように，極性分子の方向がそろって電界の方向に分極が生じる現象を配向分極という．

配向分極は分子の双極子モーメントを揃えようとする電界の作用と，それをかき乱してバラバラにしようとする分子の熱運動とのかね合いで決まる．それで，配向分極は温度が高いほど起こりにくくなる．

次に数量的な表現を考えてみよう．誘電体内の任意の点の周りに微小体積 ΔV をとる．この微小体積 ΔV は，その中には十分に沢山の双極子モーメントが入るくらいは大きいけれど，マクロにみると十分に小さいとする．その中のすべての双極子モーメントの和 $\sum p_i$ と ΔV との比，すなわち，単位体積あたりの双極子モーメント P を定義する．

$$P = \frac{\sum p_i}{\Delta V} \tag{4.1}$$

P を誘電分極の強さ，または分極と呼び，誘電体の分極の程度を表す．p の単位は [C·m] だから，式(4.1)から，P の単位は [C·m^{-2}] となる．電界があまり強くなければ，誘電体に誘起される分極 P は電界 E に比例し，次のように書くことができる．

$$P = \chi_e \varepsilon_0 E \tag{4.2}$$

ここで，χ_e は誘電体の電気感受率（electric susceptibility）と呼ばれ，その大きさは微視的双極子の成因に依存する．なお，後述するが，前出の比誘電率 κ とは次の関係がある．

$$\kappa = 1 + \chi_e \tag{4.3}$$

例題 4-2 水に $E = 1.0 \times 10^3$ [V/m] の電界をかけた場合の誘電分極の強さを求めよ．

解答
$$P = \chi_e \varepsilon_0 E = (\kappa - 1)\varepsilon_0 E$$
$$= (80.7 - 1) \times 8.85 \times 10^{-12} \times 1.0 \times 10^3 = 7.05 \times 10^{-7} \, [\text{C/m}^2]$$

4.3 分極と分極電荷

前述のように誘電現象は，微視的に見ていくと複雑でまとまりがつかない．しかし，何はともあれ，誘電体の内部はもともと正負の電荷が等しい体積密度で重なり合って一様に分布しているが，それに電界がかかると，その表面に正負の電荷が等量ずつにじみ出し，いわゆる誘電分極が起こると考えればよい．こうして，表面に現れる電荷を**分極電荷**（electric polarization charge）と呼ぶ．

分極電荷は束縛された電荷であるから，導体の場合の自由に動ける電荷とは異なり，これをほかの物体に移すことはできない．誘電分極を起こしている誘電体を切断すると，切り口に新たに正負の分極電荷が対になって現れる．ちょうど磁石を切断したときと同じである．どちらかの電荷を単独には取り出せないのである．すなわち，分極電荷は移せない．

第3章で学んだ静電誘導，すなわち電界の中に置かれた導体で起こる静電誘導の場合には，表面の電荷は取り出すこともできたこととは本質的に異なるのである．分極電荷とは違って，導体の表面に現れる電荷のことを**真電荷**（true charge）と呼ぶ．

さらに，誘電分極と静電誘導では，物体の内部の状態に本質的な違いがある．誘電体の誘電分極では，誘電体内で電界が打ち消されないで残るために，内部のすべての点において正負の電荷がごくわずかにズレて存在している．すなわち，内部に電界が存在する．一方，導体の静電誘導では，導体内の電界はゼロであるから，そのような電荷のズレは起こらない．すなわち，導体内部には電界は存在しない．

4.4 電束密度

図 **4.4** に示すように，誘電体が入った平行平板コンデンサを充電する．誘電

第4章 誘電体

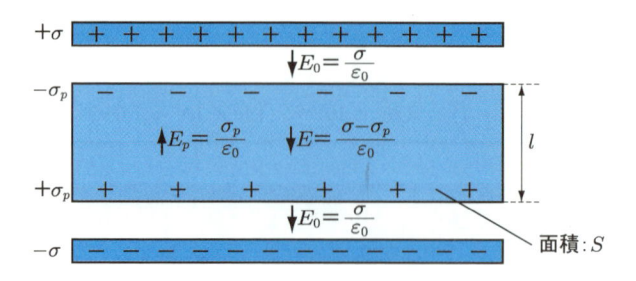

図4.4 誘電体中の電界

体板の表面には極板上の電荷とは逆符号の分極電荷が現れる．したがって，電気力線についてみると，極板から出た本数の一部は誘電体の表面との隙間だけにあって，誘電体の中には入り込まないで消えてしまう．これは誘電体の内部では**反電界** E_p (depolarization electric field) が生じ，外部電界が弱められ，$E_0 - E_p$ になるからである．

極板上の電荷すなわち，真電荷の密度を $\pm \sigma$，これに対面する分極電荷の面密度を $\pm \sigma_p$ とすると，E_0 および E_p の大きさは，式(3.4)からそれぞれ

$$E_0 = \frac{\sigma}{\varepsilon_0} \tag{4.4}$$

$$E_p = \frac{\sigma_p}{\varepsilon_0} \tag{4.5}$$

したがって，誘電体内の電界 $\boldsymbol{E}$ の大きさは

$$E = E_0 - E_p = \frac{\sigma - \sigma_p}{\varepsilon_0} \tag{4.6}$$

ここで，誘電体の体積を V，面積を S，電界方向の長さを l とすると，式(2.62)より

$$PV = (\sigma_p S)l \tag{4.7}$$

であるから

$$P = \sigma_p \frac{Sl}{V} = \sigma_p \tag{4.8}$$

よって，誘電体内部の有効電界 E は

$$E = \frac{\sigma - P}{\varepsilon_0} \tag{4.9}$$

とも表される．このように，誘電体内部の有効電界 E は
① 真電荷（σ）による外部電界 $E_0(=\sigma/\varepsilon_0)$
② 分極電荷（σ_p）による反電界 $E_p(=\sigma_p/\varepsilon_0)$
という互いに独立な二つの量の和となる．

そこで，誘電体の中の現象は，もはや電界 E だけでは表すことができない．その電気的な「場」を表す何かもう一つの物理量が必要になる．そのような物理量は，E_0 と E_p のいずれを選んでもよいわけであるが，電磁気学では，真電荷から直接決めることのできる E_0，すなわち

$$E_0 = E + \frac{P}{\varepsilon_0} \tag{4.10}$$

を取り上げ，この E_0 に ε_0 をかけて $\varepsilon_0 E_0$ とし，これを新たに D と定義する．すなわち，E と P をまとめて示す量として次の D を定める．

$$D = \varepsilon_0 E + P \tag{4.11}$$

そして，これを電束密度（electric flux density）ということにする．
この D の値は，極板と誘電体との間の部分では

$$D = \varepsilon_0 E + P = \varepsilon_0 \frac{\sigma}{\varepsilon_0} + 0 = \sigma \tag{4.12}$$

となり，また誘電体の内部では

$$D = \varepsilon_0 E + P = \varepsilon_0 \frac{\sigma - \sigma_p}{\varepsilon_0} + \sigma_p = \sigma \tag{4.13}$$

となって，誘電体の外と内とで同じ値を取ることがわかる．
電束密度 D は，式(4.9)により空間の各点で定義されるベクトル量である

第4章 誘　電　体

から，電界 E における電気力線と同じように D の方向と一致した曲線群として電束線 (lines of electric flux (displacement)) を考えることができる．電束線で側面ができている管を電束管という．電束密度は真電荷だけに関係しているから，電束線は電気力線のように誘電体で消えたり現れたりすることはない．電束線の束を電束と呼ぶが，曲面 S を貫く電束 Φ_D は

$$\Phi_D = \int_S D_n dS \qquad (4.14)$$

で定義される．ここで，電束密度 D の単位は $[\text{C/m}^2]$ であり，電束 Φ_D の単位は $[\text{C}]$ である．

ところで，式(4.9)で定義された電束密度 D というものは，考えてみると，いつでも真電荷（外に与えられている電荷）だけに関係している量である．それは，D に関してガウスの法則を考えてみればわかる．もともと，ガウスの法則は

$$\varepsilon_0 \int_S E_n dS = q \qquad (4.15)$$

と表されたが，これを図 4.5 に示したように，誘電体をも含む一般の電界に対

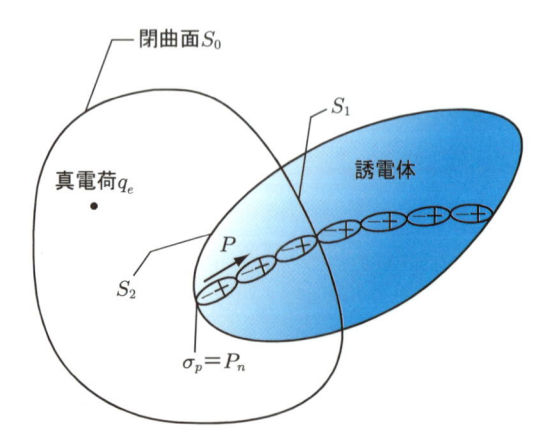

図 4.5　誘電体がある場合のガウスの法則

して適用してみよう．閉曲面の一部が誘電体を切っている．そこで，q_e を閉曲面内にある外部電荷（真電荷），q' を分極電荷とすると，ガウスの法則は

$$\varepsilon_0 \int_S E_n dS = q_e + q' \qquad (4.16)$$

と書くことができる．E_n は全電界の法線成分で，積分は閉曲面について行う．ここで，分極電荷は図のように誘電体の各部分内では打ち消し合うから，結局

$$q' = \int_{S_2} \boldsymbol{P} \cdot \boldsymbol{n} dS = -\int_{S_1} \boldsymbol{P} \cdot \boldsymbol{n} dS = -\int_{S_1} P_n dS \qquad (4.17)$$

と書くことができる．この積分には，実際は閉曲面のうちで，誘電体を貫いた部分だけが寄与するのだが，それ以外の場所では $P_n = 0$ であるから，形式的には，閉曲面全体について積分するとしてよい．式(4.17)を式(4.16)に代入して，移項して整理すると

$$\int_S (\varepsilon_0 E_n + P_n) dS = \int_S D_n dS = q_e \qquad (4.18)$$

これが誘電体を含めたガウスの法則，すなわち，電束密度 $\boldsymbol{D}$ に関するガウスの法則である．

4.5 誘電率

等方的な物質では，電界 $\boldsymbol{E}$ とそれによって生じる分極 $\boldsymbol{P}$ は方向が同じである．強誘電体のような場合を除くと，式(4.2)に示すように両者は比例する．式(4.2)を $\boldsymbol{D}$ の定義式(4.9)へ代入すると

$$\boldsymbol{D} = (1 + \chi_e)\varepsilon_0 \boldsymbol{E} \qquad (4.19)$$

ここでスカラー定数 ε を

$$\varepsilon = (1 + \chi_e)\varepsilon_0 \qquad (4.20)$$

のように定義すると

第4章 誘電体

$$D = \varepsilon E \tag{4.21}$$

が得られる．ε は ε_0 と同じ次元であり，誘電体の**誘電率**という．すでに述べた比誘電率 κ は，この両者の比であって

$$\kappa = \frac{\varepsilon}{\varepsilon_0} = 1 + \chi_e \tag{4.22}$$

ε，κ，χ_e などは物質の誘電的性質を示す定数である．何らかの方法でこれらがわかればガウスの法則（式 (4.18)）を用いて，真電荷分布から D が決まり，次に $D = \varepsilon E$ から巨視的電界 E が求められることになる．

以上の話をまとめると，外部電荷（真電荷）が電束密度 D をつくり，それが誘電体の中に連続的に及んでいく．ある場所の電界 E は，そこの電束密度 D をその場所の誘電率で割って求められることになる．こうすれば，分極電荷を考えなくても電界 E を決定できるのである．

例題 4-3 静電容量が $0.60\,[\mu\mathrm{F}]$ の中空の平行平板コンデンサがある．このコンデンサの中に，① 間隔の半分の厚さの誘電体をつめたとき，静電容量はいくらになるか．ただし，誘電体の比誘電率 κ は 4.5 であるとする．② 極板の面積の半分にわたって同じ誘電体をつめたとき，静電容量はいくらになるか．

解答 中空のときのコンデンサの容量を C_0 とする．$C_0 = 0.60\,[\mu\mathrm{F}]$ である．

① 厚さ半分のコンデンサが2個（C_1，C_2）直列につながったと考える．それらの合成の容量を C とすると

$$\frac{1}{C} = \frac{1}{C_1} + \frac{1}{C_2}$$

ここで，C_1 は C_0 に比べて厚さが半分だから

$$C_1 = 2C_0$$

また，C_2 は誘電体が入ったから C_1 に対して

$$C_2 = \kappa C_1 = 2\kappa C_0$$

よって

$$\frac{1}{C} = \frac{1}{2C_0} + \frac{1}{2\kappa C_0} = \frac{1}{2C_0}\left(1 + \frac{1}{\kappa}\right) = \frac{1}{2C_0}\left(1 + \frac{1}{4.5}\right) = \frac{0.611}{C_0}$$

$$\therefore\ C = \frac{C_0}{0.611} = \frac{0.60}{0.611} = 0.98\,[\mu\mathrm{F}]$$

② 厚さが同じで面積が半分のコンデンサが2個（C_1, C_2）並列につながったと考える．合成の容量を C とすると

$$C = C_1 + C_2$$

ここで，C_1 は面積が C_0 の半分だから

$$C_1 = \frac{C_0}{2}$$

C_2 は誘電体が入っているので

$$C_2 = \kappa C_1 = \frac{\kappa C_0}{2}$$

よって

$$C = \frac{C_0}{2} + \frac{\kappa C_0}{2} = \frac{1 + 4.5}{2} \times 0.60 = 1.65\,[\mu\mathrm{F}]$$

4.6　誘電体内での静電界の諸法則

誘電率 ε の等方性誘電体で満たされた空間の中で，原点に点状の真電荷 q があるとしよう．点Pの位置ベクトルを $\boldsymbol{r}$ とすると，そこの電界は

$$\boldsymbol{E} = \frac{q}{4\pi\varepsilon r^2}\cdot\frac{\boldsymbol{r}}{r} = \frac{q}{4\pi\kappa\varepsilon_0 r^2}\cdot\frac{\boldsymbol{r}}{r} \tag{4.23}$$

これは，q を中心とする半径 r の球面について，電束密度 $\boldsymbol{D}$ に関するガウスの法則（式(4.16)）を適用することによって導かれる．

このように，電界は，誘電体の中では真空中に比べて $\varepsilon_0/\varepsilon (<1)$ 倍だけ弱められることがわかる．したがって，いままで導いてきた真空中の静電気に関する諸法則は式中の ε_0 を ε に置き換えればよいことになる．以下にいくつか代表的なものを復習もかねて並べておこう．

第4章 誘電体

■ クーロンの法則

$$F = \frac{q^2}{4\pi\varepsilon r^2} \cdot \frac{\boldsymbol{r}}{r} = \frac{q^2}{4\pi\kappa\varepsilon_0 r^2} \cdot \frac{\boldsymbol{r}}{r} \tag{4.24}$$

■ 点電荷の電位

$$V = \frac{q}{4\pi\varepsilon r} = \frac{q}{4\pi\kappa\varepsilon_0} \tag{4.25}$$

■ コンデンサの容量

$$C = \frac{\varepsilon S}{d} = \frac{\kappa\varepsilon_0 S}{d} \tag{4.26}$$

■ 導体表面電荷密度と電界

$$\sigma = D_n = \varepsilon E_n = \kappa\varepsilon_0 E_n \tag{4.27}$$

■ 静電気エネルギー

$$u = \frac{1}{2}\varepsilon E^2 = \frac{1}{2}\kappa\varepsilon_0 E^2 = \frac{1}{2}\boldsymbol{D}\cdot\boldsymbol{E} \tag{4.28}$$

例題 4-4 $\pm e$ の電荷が $1\,[\mu\mathrm{m}]$ 離れて，真空中および水中にあるときの静電引力をそれぞれ求めよ．ただし，水の比誘電率を $\kappa = 80$ とする．

解答

$$F = \frac{q^2}{4\pi\kappa\varepsilon_0 r^2} = \frac{(1.60 \times 10^{-19})^2}{4 \times \pi \times \kappa \times 8.85 \times 10^{-12} \times (1 \times 10^{-6})^2}$$

$$= \frac{2.30 \times 10^{-16}}{\kappa}$$

よって，真空の場合　$\kappa = 1$ として　$F = 2.30 \times 10^{-16}\,[\mathrm{N}]$

　　　　水の場合　　$\kappa = 80$ として　$F = 2.87 \times 10^{-18}\,[\mathrm{N}]$

4.7 強誘電体

外部電界がなくても，もともと正負のイオンが変位して分極 P を持つ物質を強誘電体（ferroelectric substance）と呼び，強誘電体が持っている分極を，自発分極（spontaneous electric polarization）と呼ぶ．強誘電体の代表的なものは，チタン酸バリウム（BaTiO₃）およびロッシェル塩（KNaC₄H₄O・4H₂O）で，比誘電率はそれぞれ約 5000 および約 4000 と通常の誘電体に比べて非常に大きな値を持つ．

また，強誘電体の有する大きな特徴の一つに履歴現象またはヒステリシス（hysteresis）がある．強誘電体において，外部から電界を加えると多くの小さな領域の各分極が強制的に電界の方向に向けられ，結晶全体として分極が現れる．そして，図 4.6 のように履歴現象を示すようになる．このため，外部電界がなくなっても，一定の残留分極ができる．図において，P_r を残留分極，E_c を抗電界と呼ぶ．

この強誘電体の応用としては，まず誘電率が高いので，コンデンサに利用されている．また，温度が高くなったり圧力がかかったりすると，分極の程度が変わる，いわゆる焦電効果や圧電効果を起こしたりする．それらを利用して，圧電素子，光学素子，赤外線センサなどに利用されている．

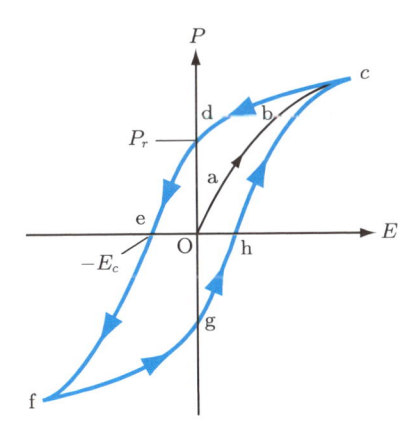

図 4.6 強誘電体の履歴曲線

第4章 誘 電 体

演習問題 4

1. 誘電分極を原子, 分子のレベルで見たとき, 分極の機構にはどのような種類があるかを示し, それぞれについて簡潔に説明せよ.

2. エチルアルコールに $E = 5.0 \times 10^3$ [V/m] の電界をかけた場合の誘電分極の強さを求めよ.

3. 電気の力が万有引力に比べて非常に大きいことに関連して, 次の問に答えよ.
   ① 真空中に, 互いに 0.1 [m] 離れて電子が2個存在する. 相互の電気的な斥力の大きさは万有引力の大きさの何倍になるか計算せよ. 万有引力定数は $G = 6.67 \times 10^{-11}$ [N·m²/kg²] である.
   ② 距離によって①で計算した値は, どのように変化するか. (理由を付して答えよ)
   ③ 真空中ではなくて, 水中であれば①で計算した倍数はどのように変わるか. ただし, 水の比誘電率を $\kappa = 80$ とする.

4. 面積が 1 [m²] で間隙が 1 [cm] の中空の平行平板コンデンサがある.
   ① このコンデンサの電気容量を求めよ. (中空は真空とみなして計算せよ)
   ② 間隙に厚さ 4.0 [mm] の誘電体の薄板を挿入したとき, 静電容量はいくらになるか. 誘電体の比誘電率 κ は 5.5 とする.
   ③ 極板の面積の 1/3 にわたって間隙いっぱいに同じ誘電体の板をつめたとき, 静電容量はいくらになるか.

5. 半径 a, 誘電率 ε の誘電体の球内に一様な密度で電荷 Q が分布している. 球の中心からの距離 r における
   　　　① 電束密度 $D(r)$
   　　　② 電界 $E(r)$
   　　　③ 電位 $V(r)$
   　　　④ 電気分極 $P(r)$
   をそれぞれ求めよ.

5 定常電流

動かない電気の話から，動く電気の話に移っていく．電流が流れるとはどういうことか．オームの法則も改めて考えたい．また，電池の起電力やジュール熱はエネルギーの変換ととらえる．

5.1 電流とは何か

いままで述べてきたのは静電気であった．すなわち，電気のはじまりは摩擦電気であり，エレクトロンというのは摩擦電気の材料であったコハクからきていることも述べた．その電気が動く，すなわち電流という概念が出てきたのは電池というものが生まれてからであろう．

よく知られているように，1789 年，ガルバーニは摩擦以外の方法で電気を得る最初のものとして動物電気を発見したが，その後，1800 年，ボルタがその現象の起源を 2 枚の異種金属間の接触によるものと洞察して電池の発明の端緒を開いた．これを契機に，過去 2000 年続いた静電気の時代から動電気の時代に入った．さらに，1820 年，エルステッドによって，電流の量が小さな磁針のふれの大きさで定量測定できるようになってから動電気の科学がとくに進んだといってよいだろう．

コンデンサの二つの極板に正負の電荷を蓄えておき，極板どうしを導線でつなぐと電荷は導線を伝わって移動し，電気の流れが起きる．これを電流 (electric current) という．

この場合は，しばらくすると電荷はなくなり，電流も流れなくなる．コンデンサではなくて，電池の両極を導線でつなぐと，一定の電流が流れ続ける．このような電流を定常電流 (stationary current) という．ここではまずこの定常電流の場合について考えることにしよう．コンデンサの場合は後述するが，準定常電流 (quasi-stationary current) という．

第5章 定常電流

導線を流れる電流 I は，その場所を単位時間に通過する電荷として定義する．すなわち，1 [s] の間に 1 [C] の電荷が流れるとき，電流の大きさは 1 [A（アンペア）] であるという．

国際単位系 (SI) では，実際は，電流の磁気力を利用して電流 1 [A] を基本量として定義し，それから電荷の 1 [C] を 1 [A] の電流が 1 [s] 間に運ぶ電荷と定義している．話が逆になっているのである．しかし，これは単位系をできるだけすっきりと構成しようとするために選ばれた約束である．電磁気学の体系を勉強する立場からは，先に述べたように，電荷という概念がまずあって，その流れとして電流を考えるということでよい．

図 5.1 に示すように，導線の一部を考えて，左端では I_A，右端では I_B の電流が流れているとしよう．この部分（A〜B）での電荷 Q の時間的変化は

$$\frac{dQ}{dt} = I_A - I_B \tag{5.1}$$

で与えられる．電荷の流れは電界によって引き起こされるから，ここで定常電流ということは，電界も電荷の分布も時間的に変化がないということである．したがって，$dQ/dt = 0$（電荷保存）より

$$I_A = I_B \quad (\text{定常電流}) \tag{5.2}$$

静電誘導のときと違って，導体の端から図のように電荷の出入りがあれば，導体内に静電界ができ，かつ定常電流が流れていることが可能なのである．

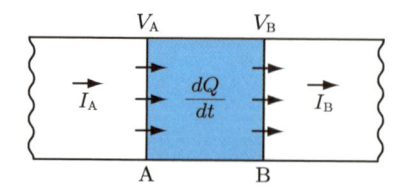

図 5.1 電荷の変化と電流

例題 5-1 硝酸銀水溶液の中では銀イオンは電荷 e を持っている．電気分解によって，銀 10 [g] を電極に析出させるには，

① 何 [C] の電荷が必要か．

② 2 [A] の電流を流したとすると，どれだけの時間がかかるか．

ただし，銀の原子量は 108，アボガドロ数は $N_A = 6.0 \times 10^{23}$ である．

解答 ① 10 [g] の銀の原子の数は，$N = 10 \times N_A/108 = 5.6 \times 10^{22}$ [個] である．そのひとつひとつが e をもっているので

$$Q = N \times e = 5.6 \times 10^{22} \times 1.6 \times 10^{-19} = 9.0 \times 10^3 \text{ [C]}$$

だけの銀イオンの電荷を取り去る必要がある．

② $I = 2$ [A] の電流は 1 [s] に 2 [C] の電荷を運ぶから

$$t = \frac{Q}{2} = \frac{9.0 \times 10^3}{2} = 4.5 \times 10^3 \text{ [s]}$$

5.2 電気抵抗

図 5.1 に示すように電流が流れている導線の一部 A，B を取ると，A〜B 間には前に述べたように，電位差 $V = V_A - V_B$ がある．これを電圧とも呼ぶ．この電位差と電流の関係を調べてみると，電流が適当に小さければ

$$V = RI \tag{5.3}$$

という比例関係が成立する．これをオームの法則 (Ohm's law) という．この比例係数 R は

$$R = \frac{V}{I} \tag{5.4}$$

であり，これを導線の部分 A〜B 間の電気抵抗 (electric resistance) という．単位は [Ω（オーム）] である．いいかえると，1 [V] の電圧を印加したとき，1 [A] の電流が流れるならば，抵抗は 1 [Ω] であるというのである．

導線の電気抵抗は導線の形状に依存している．長さ l，断面積 S の場合は，比例定数を ρ_e とすれば

第 5 章　定常電流

$$R = \rho_e \frac{l}{S} \tag{5.5}$$

と書ける．この ρ_e を**抵抗率**（resistivity）または**比抵抗**（specific resistance）という．単位は $[\Omega\text{m}]$ である．単位の長さ（SI ならば $1\,[\text{m}]$）を稜とする立方体を作り，相対する 2 面間の抵抗の大きさがこの抵抗率 ρ_e となる．

また，ρ_e の逆数

$$\sigma_e = \frac{1}{\rho_e} \tag{5.6}$$

を**導電率**（conductivity）または**電気伝導率**（electric conductivity）という．導電率の単位は $[\text{S/m}（ジーメンス/メートル）]$ である．いくつかの物質の抵抗率の値を**表 5.1** に示す．この表には，金属については $0\,[°\text{C}]$ における抵抗率の値を示したが，一般に，金属においては，温度が上昇すると抵抗率は大きくなる．これは，5.3 節で説明する電流の電子論によると，温度が上昇すると，金属中の自由電子の衝突が激しくなり，電流が流れにくくなるからである．

表 5.1　抵抗率の値（金属は $0\,[°\text{C}]$ その他は室温における値．単位は $[\Omega\text{m}]$）

金属		半導体（不純物量により大きく異なる）	
銀	1.47×10^{-8}	シリコン	$10^{-7} \sim 10^3$
銅	1.55×10^{-8}	ゲルマニウム	$10^{-7} \sim 1$
金	2.05×10^{-8}	セレン	$10^{-3} \sim 10$
アルミニウム	2.50×10^{-8}	絶縁体（試料に依存する）	
ニッケル	6.2×10^{-8}	ガラス	$10^9 \sim 10^{12}$
鉄	8.9×10^{-8}	磁器	$10^{11} \sim 10^{15}$
白金	9.81×10^{-8}	コハク	$10^{13} \sim 10^{15}$

例題 5-2　$0\,[°\text{C}]$ における銀の抵抗率は $1.47 \times 10^{-8}\,[\Omega\text{m}]$ である．半径 $1\,[\text{mm}]$，長さ $1\,[\text{m}]$ の銀線の抵抗を求めよ．

解答　断面積 S は
$$S = \pi r^2 = \pi \times (1 \times 10^{-3})^2 = 3.14 \times 10^{-6}\,[\text{m}^2]$$

5.2 電気抵抗

であるから，抵抗 R は

$$R = \rho_e \frac{l}{S} = 1.47 \times 10^{-8} \times \frac{1}{3.16 \times 10^{-6}} = 4.65 \times 10^{-3} \,[\Omega]$$

オームの法則に戻ろう．それによると，電流と電圧の関係は式(5.3)で与えられるが，2点間で導線が二つに分岐したり，太さが変わったりすると，そのままでは取り扱いができなくなる．そこで，もう少し一般的な形にオームの法則を変形しておく必要が出てくる．

それには，導体（金属製の針金のイメージだけでなく，電解質溶液のような場合も含めて考える）の中のある点（その位置ベクトルを r としておく）をとり，その点で成立すべき法則の形にした方がよい．

図 5.2 に示すように，その点での電流の方向に長さ Δl，断面積 ΔS であるような微小部分をとる．そこでの電流密度 J を考えると，オームの法則により

$$J \Delta S = \frac{\Delta V}{\Delta R} \tag{5.7}$$

ここでこの微小部分の抵抗 ΔR は

$$\Delta R = \rho_e \frac{\Delta l}{\Delta S} = \frac{\Delta l}{\sigma \Delta S} \tag{5.8}$$

であるから，この両式から

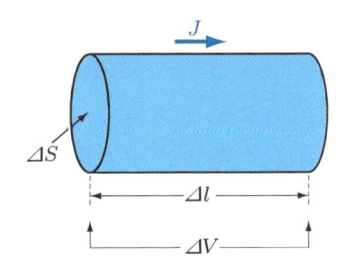

図 5.2　微小区間に流れる電流

$$J = \frac{\Delta V}{\rho \Delta l} = \sigma_e \frac{\Delta V}{\Delta l} \tag{5.9}$$

ここで，$\Delta V/\Delta l = E$（電界の強さ）であるから，この式は

$$E = \rho_e J \quad \text{または} \quad J = \sigma_e E \tag{5.10}$$

さらに，電界のベクトル $\boldsymbol{E}(\boldsymbol{r})$ は高電位から低電位に向かい，それは電流密度ベクトル $\boldsymbol{J}(\boldsymbol{r})$ と方向が一致しているから，式(5.10)はベクトルで表示するすると

$$\boldsymbol{E}(\boldsymbol{r}) = \rho_e \boldsymbol{J}(\boldsymbol{r}) \quad \text{または} \quad \boldsymbol{J}(\boldsymbol{r}) = \sigma_e \boldsymbol{E}(\boldsymbol{r}) \tag{5.11}$$

これが，オームの法則の一般化された形である．すなわち，式(5.11)は，導体の形などには関係なく，導体中のすべての点で成立すると考えるのである．

5.3 電流の電子論

静電現象においては，帯電した導体の電荷は常にその表面上に分布していることを学んだ．そこで，電荷の流れが電流であるならば，その電流は導線の表面上を流れるのではないかと考えるのは自然である．もしそうであれば，電気抵抗は導線の半径に反比例するはずである．しかし，オームの実験の結果は式(5.5)のように導線の断面積に反比例している．このことは，電流は導体の内部を流れることを示す．

典型的な導体である銀を例にとると，その導電率は 10^8 [S/m] の程度の値であるのに対して，絶縁体であるコハクの導電率は約 10^{-14} [S/m] であるから，その違いは何と 10^{22} 倍にもなる．このような巨大な数字が現れるのは何が原因なのだろうか？　これは，物質中を自由に動ける電子の数に関係するとしか考えられない．

つまり，銀のような金属すなわち導体では，それを構成する各原子の外殻電子のほとんどすべては各原子から遊離していて，動くことができる．これに対して，コハクのような絶縁体では，それを構成する各原子内のほとんど全部が

束縛されていて動くことができないでいる．こうした自由に動ける電子数の比が上記のような巨大な数として現れてくるのである．すなわち，導線を流れる電流の原因は導体内部（表面ではなく）に存在する電荷にある．

電子の質量を m，その電荷を e とする．この電子は導体内の電界 $\boldsymbol{E}$ によって加速される．一方，運動する電子は，熱振動している原子などとの衝突により減速される．この原子などとの単位時間あたりの衝突数は，電子の速度 $\boldsymbol{v}$ に比例するはずである．したがって，電子の運動方程式は

$$m\frac{d\boldsymbol{v}}{dt} = -e\boldsymbol{E} - \frac{m}{\tau}\boldsymbol{v} \tag{5.12}$$

と表されるであろう．ここで，τ は電子が衝突する確率に関係した量であり，これを緩和時間（relaxation time）という．

初期条件を $t = 0$ で $\boldsymbol{v} = 0$ としてこの微分方程式を解くと

$$\boldsymbol{v}(t) = -\frac{e\tau}{m}\boldsymbol{E}(1 - \mathrm{e}^{-\frac{t}{\tau}}) = -\frac{e\tau}{m}\boldsymbol{E}\left[1 - \exp\left(-\frac{t}{\tau}\right)\right] \tag{5.13}$$

が得られる．ここで，e は自然対数の底（$= 2.718\cdots$）である．また，e^x を $\exp(x)$ と表記することもある．

これを図示すると，図 5.3 のようになる．これから次のことがわかる．十分時間がたったら（t が十分大きくなったら）電子の運動は定常的になる．このときの速度をドリフト速度 v_d と呼ぶ．式 (5.13) で $t \to \infty$ とすると

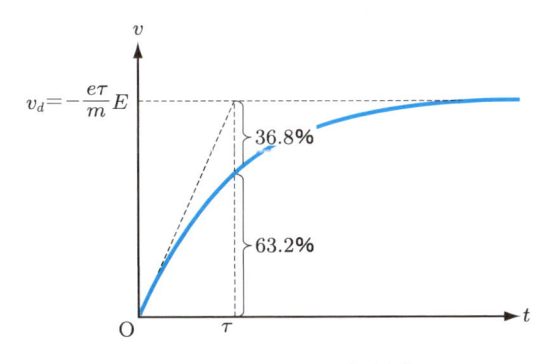

図 5.3 電子速度 v の時間変化

第5章 定常電流

$$v_d = -\frac{e\tau}{m}E \tag{5.14}$$

が成立する．これは，式(5.12)の右辺の加速力と減速力とが釣り合ったと考えてよい．どのくらいの時間がたてばよいかは，緩和時間 τ という値によって見当がつく．この τ を時定数と呼ぶ．$t=\tau$ のときの速度 $v(\tau)$ は，式(5.13)より

$$v(\tau) = -\frac{e\tau}{m}E\left(1-\frac{1}{\mathrm{e}}\right) \tag{5.15}$$

となるから，この速度と v_d の比は

$$\frac{v(\tau)}{v_d} = 1 - \frac{1}{\mathrm{e}} = 1 - \frac{1}{2.718} = 0.632 \tag{5.16}$$

すなわち，$v(\tau)$ は v_d の 63.2％の値となる．

さて，図5.4に示すように，自由電子密度 n [m^{-3}] の導体中に電流に垂直な断面積 S を考える．単位時間にこの断面を通過する電子の個数は，断面を底面積とし，高さが v_d の円柱の中にある電子の個数 nvS に等しい．したがって，電流密度は

$$J = -env_d = \frac{ne^2\tau}{m}E \tag{5.17}$$

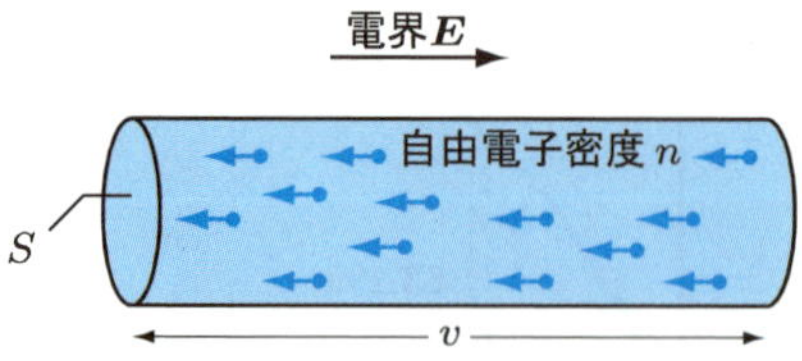

図5.4 単位時間には円柱内の電子が面 S を通る

これは，前出のオームの法則 $\boldsymbol{J} = \sigma \boldsymbol{E}$ にほかならない．両者を比較することにより，電気伝導率 σ および抵抗率 ρ は

$$\sigma_e = \frac{1}{\rho_e} = \frac{ne^2\tau}{m} \tag{5.18}$$

と表される．銀とコハクにおける内部の自由電子密度 n の相違が，先ほどの 10^{22} という巨大な数値をもたらしたのである．

例題 5-3 半径 $a = 0.1\,[\text{mm}]$，長さ $1\,[\text{m}]$ の銅線に $10\,[\text{V}]$ の電圧をかけて電流を流した（周囲から冷却しているため温度上昇はなく，室温に保たれているとする）．

① 電流 I と電流密度 J を求めよ．ただし，銅の室温における抵抗率は $\rho_e = 1.7 \times 10^{-8}\,[\Omega\text{m}]$ である．

② 自由電子密度 $n\,[\text{m}^{-3}]$ を求めよ．ただし，銅の原子量は 63.5，密度は $8.93 \times 10^3\,[\text{kg/m}^3]$ である．また，銅では 1 原子あたり 1 個の自由電子がある．

③ 定常状態における銅の中の自由電子の速さを求めよ．

④ 緩和時間 τ はいくらか．

解答 ① 導線の断面積 S は
$$S = \pi a^2 = \pi \times (1 \times 10^{-4})^2 = 3.14 \times 10^{-8}\,[\text{m}^2]$$
であるから，抵抗 R は
$$R = \frac{\rho_e l}{S} = \frac{1.7 \times 10^{-8} \times 1}{3.14 \times 10^{-8}} = 0.541\,[\Omega]$$
よって，電流 I および電流密度 J は
$$I = \frac{V}{R} = \frac{10}{0.541} = 18.4\,[\text{A}]$$
$$J = \frac{I}{S} = \frac{18.4}{3.14 \times 10^{-8}} = 5.88 \times 10^8\,[\text{A/m}^2]$$

② 単位体積（$1\,[\text{m}^3]$）の銅の質量は $8.93 \times 10^3\,[\text{kg}]$ であり，銅の 1 モルの質量は $63.5 \times 10^{-3}\,[\text{kg}]$ であるから，単位体積の銅のモル数は

$$\frac{8.93 \times 10^3}{63.5 \times 10^{-3}} = 1.405 \times 10^5 \, [\text{mol}]$$

この中にある原子の数 n は，アボガドロ数 N_A ($= 6.02 \times 10^{23} \, [\text{mol}^{-1}]$) を用いると

$$n = N_A \times 1.405 \times 10^5 = 8.46 \times 10^{28} \, [\text{m}^{-3}]$$

1原子当たり1個の自由電子があるから，これが単位体積の銅の中にある自由電子の数である．

③ 電流密度 J と自由電子の速さ v_d との関係は

$$J = env_d$$

であるから

$$v_d = \frac{J}{en} = \frac{5.88 \times 10^8}{1.6 \times 10^{-19} \times 8.46 \times 10^{28}} = 4.3 \times 10^{-2} \, [\text{m/s}]$$

④ 緩和時間 τ は

$$\tau = \frac{m}{\rho_e n e^2} = \frac{9.1 \times 10^{-31}}{1.7 \times 10^{-8} \times 8.46 \times 10^{28} \times (1.6 \times 10^{-19})^2}$$
$$= 2.47 \times 10^{-14} \, [\text{s}]$$

5.4 ジュール熱

電界によって加速された電子は，結晶を構成する原子の熱振動などによって衝突し，その運動方向を変える．このとき，電子のエネルギーもまた変化する．個々の衝突については，電子のエネルギーが増加するときもあれば減少するときもあるが，平均すると電子はエネルギーを失い，熱振動のエネルギーが増加する．すなわち，電子が電界から受けた仕事は熱に転化する．こうして，電流が流れている導線には熱が発生する．この熱を**ジュール熱**という．

このように微視的に考えると，ジュール熱は衝突の機構を把握しないと計算できないように思える．しかし，巨視的に考えると，ジュール熱の大きさは，エネルギーの保存則から求められる．

導線の一部分 A，B を電流 I が流れているとしよう．A～B の電位差を $V = V_A - V_B$ とすると，単位時間に通過する電荷 I に対して電界がする仕事，すなわち仕事率 W は

$$W = IV = RI^2 = \frac{V^2}{R} \qquad (5.19)$$

W の単位は [W（ワット）] で，1 [W] = 1 [J/s] である．これが導線において消費される電力である．

例題 5-4 直径 0.3 [mm] のニクロム線を用いて 100 [V]，1200 [W] の電熱器をつくりたい．ニクロム線の長さはいくら必要か．ただし，定常状態になったときのニクロム線の抵抗率を 1.2×10^{-6} [Ωm] とする．

解答 ニクロム線の断面積を S，長さを l とすると

$$W = \frac{V^2}{R} = \frac{V^2 S}{\rho_e l}$$

であるから

$$l = \frac{V^2 S}{\rho_e W} = \frac{100^2 \times \pi \times (0.15 \times 10^{-3})^2}{1.2 \times 10^{-6} \times 1200} = 0.49\,[\text{m}]$$

5.5 電源と起電力

電荷を蓄えたコンデンサを導線でつなぐと，電流が流れるが，やがて止まってしまう．たまっていた電荷がなくなるからである．導線に流れる電流によってジュール熱が発生し，その分だけコンデンサの静電エネルギーが消耗するのである．

コンデンサの代わりに電池をつなぐと，電流は定常的に流れる．ジュール熱で消費されるエネルギーを補給する機構が働いているからである．電池の内部で，陰極から陽極に向かう電流は，電位差に逆らって流れている．したがって，そのための仕事をする機構とエネルギー源が必要である．

電池の能力は，単位の正電荷が陰極から陽極へと運ばれたときに，この機構でなされる仕事の大きさで表され，これを**起電力** (electromotive force) ϕ^{em} という．U^{em} を必要な仕事量とすると，起電力は次式で与えられる．

$$\phi^{em} = \frac{U^{em}}{q} \qquad (5.20)$$

起電力の単位は [V（ボルト）] である．

電池のエネルギー源としては，さまざまなものがある．以下にいくつかの例をあげる．

化学電池 金属が電解質溶液に溶け込んだり，溶液中で化学反応が起きることにより生じるエネルギーを利用したもの．乾電池は化学電池の代表例である．

太陽電池 光のエネルギーにより半導体中の電子を励起することを利用したもの．半導体材料としては，Si, GaAs, $CuInSe_2$ などが用いられている．

熱電対 熱エネルギーを利用したもの．金属棒 A-B において，端 A の方が端 B より温度が高いとしよう．端 A の近くの方が熱運動が盛んであるから，A → B に向かう電子の方が逆向き（B → A）よりも多い．すなわち，A から B に向かって電子が移動し，起電力が生じる．この熱起電力は温度差に比例するので，温度測定に利用されている．

さらに，第 7 章で説明する電磁誘導によって起電力を発生させることもできる．われわれが最も多く利用している交流電圧は，この電磁誘導を利用している．

5.6　直流回路と時定数

定常的に電流が流れる電気回路を直流回路という．直流回路についての基本的な法則として，有名な**キルヒホッフの法則**（Kirchhoff's law）がある．

> **ポイント**
>
> ・キルヒホッフの第 1 法則
> 　『ある点に入ってくる定常電流の総和は，出ていく定常電流の総和と等しい』（電荷の保存則）
> ・キルヒホッフの第 2 法則
> 　『回路を 1 周してもとの点に戻る間の電位の変化は，全体としては 0 になる』

また，コンデンサの放電のように電流が時間的に変化する場合でも，あまり速くなければ，各瞬間ごとにキルヒホッフの法則が適用できる．このような場

5.6 直流回路と時定数

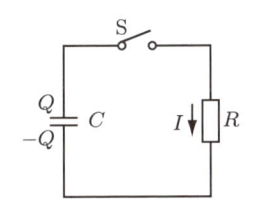

図 5.5 RC 回路（$t=0$ でスイッチ S を閉じる）

合に流れる電流を，**準定常電流**という．ここでは，図 5.5 に示す RC 回路について考えておこう．

キルヒホッフの第 1 法則（電荷の保存則）から，電流が運んだだけ電荷が減少するから

$$\frac{dQ}{dt} = -I \tag{5.21}$$

キルヒホッフの第 2 法則は 1 周の電位差が 0 というのであるから

$$\frac{Q}{C} - RI = 0 \tag{5.22}$$

この両式を組み合わせると

$$\frac{dQ}{dt} = -\frac{Q}{RC} \tag{5.23}$$

という微分方程式ができる．これを解くには，常套手段として

$$Q = A\exp(pt) \tag{5.24}$$

とおいて代入する．そうすると，$p = -1/RC$ であれば，任意の A について

$$Q = A\exp\left(-\frac{t}{RC}\right) \tag{5.25}$$

が解になっていることがわかる．ここで，A の値は初期条件によって定めら

れる．たとえば，$t=0$ で $Q=Q_0$ であったとすると

$$Q = Q_0 \exp\left(-\frac{t}{RC}\right) \qquad (5.26)$$

によって電荷の時間変化が与えられる．また，この回路に流れる電流は

$$I = -\frac{dQ}{dt} = \frac{Q_0}{RC}\exp\left(-\frac{t}{RC}\right) \qquad (5.27)$$

となり，Q と同じ形の時間変化をする．

　式 (5.26) の Q や式 (5.27) の I は，それぞれ初期値 Q_0 や I_0 からはじまって，時間的に急激な減少を示し，またなかなか全部がなくならないで続くのである．これは，いわゆる指数関数の特徴である．また，これは先に述べた導体の中の電子の動きの場合と同じ振る舞いを示していることに注意したい．

　その変化の時間的な目安を与えるのが，すでに述べたように

$$\tau = RC \qquad (5.28)$$

であり，これが回路の場合の緩和時間である．このように指数関数的な変化を示す現象の時には，通常この時間を**時定数** (time constant) と呼ぶ．式 (5.27) を図示すると，図 5.6 のようになる．時間 τ がたった後には，電流は初期値 I_0 の $1/e = 1/2.718 = 0.368$ 倍になる．

　ここでは，電荷 Q_0 を持ったコンデンサ C を抵抗 R につないで放電させた場合の現象について述べてきたが，逆に電荷がたまっていないコンデンサに電

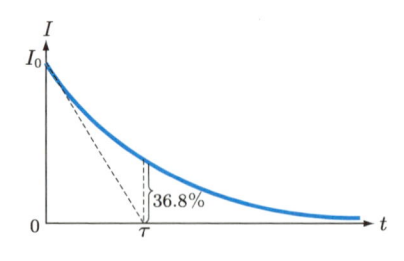

図 5.6　コンデンサの放電電流の時間変化

池をつないで充電するときにはどうなるか？ この場合も，やはり同じ時定数で同様な現象が起こるのである．

> **例題 5-5** 図 5.5 の RC 回路において，コンデンサ C にはじめ Q_0 の電荷があるとき，スイッチ S を閉じると放電をはじめる．次の問に答えよ．
> ① $Q_0 = 24\,[\mu\text{C}]$, $R = 2.5\,[\text{M}\Omega]$, $C = 4\,[\mu\text{F}]$ とすると，コンデンサ C のはじめの電圧は何 [V] であったか．
> ② この回路の時間定数 τ を求めよ．
> ③ この時定数 τ に相当するだけの時間がたったときには，コンデンサ C にかかる電圧は最初の何％になるか．
> ④ それは何 [V] か．
> ⑤ 時間が 2τ だけだったら，コンデンサ C にかかる電圧は最初の何％になるか．
> ⑥ それは何 [V] か．
>
> **解答**
> ① $Q = CV$ であるから，$V = Q_0/C = 24/4 = 6\,[\text{V}]$
> ② $\tau = RC = 2.5 \times 10^6 \times 4 \times 10^{-6} = 10\,[\text{s}]$
> ③ 10 秒で，$1/e$ になる．すなわち，$1/2.718 = 0.368 = 36.8\%$
> ④ その時の電圧は $6 \times 0.368 = 2.21\,[\text{V}]$
> ⑤ 20 秒で，$e^{-2} = (2.718)^{-2} = 0.135 = 13.5\%$
> ⑥ その時の電圧は $6 \times 0.135 = 0.81\,[\text{V}]$

演習問題 5

1. 硝酸銀水溶液の中では，銀イオンは電荷 e を持っている．また，銀の原子量は 108 である．電気分解によって，銀 2.5 [g] を電極に析出させるには
   ① 何 [C] の電荷が必要か．
   ② 5 分間で析出を完了させるには，何 [A] の一定電流を流せばよいか．
2. 電離箱には正負の極板があり，その間に入れた放射線源の強さを測定することができる．電離箱の中に，強さが 50 [μCi（マイクロキューリー）] の α 線を出すウランを入れた場合，電離箱の出力電流は何 [μA] になるか，次の記述を読んで計算

第 5 章　定常電流

せよ．

　1 [μCi] のウランからは，毎秒 3.7×10^4 個の α 粒子が飛び出す．α 粒子は極板間の気体の分子に当たってこれらを電離し，多数の正負のイオン対を作る．その数は，α 粒子 1 個当たり 1.0×10^5 対である．正負のイオンは，それぞれ負あるいは正の電極に引かれていき，電離箱の出力電流として測定される．なお，α 粒子は極板間でエネルギーをすべて失い，できた正負イオンはすべて極板に到達するものとせよ．

3. 半径 a, b ($a < b$) の同心円筒電極 A, B 間に抵抗率 ρ_e の一様な電解質溶液を満たしてある．円筒の長さ L は，a, b に比べて十分長く，端部の電界の乱れは無視できるものとする．
   ① 電極 AB 間の電気抵抗を求めよ．
   ② $a = 0.75$ [cm], $b = 2.04$ [cm], $L = 40$ [cm] であるとき，AB 間の抵抗 R を 250 [Ω] とするには，抵抗率 ρ_e の値はいくらであるべきか．

4. アルミニウムでは，1 原子あたり 3 個の自由電子がある．原子量は 27.0，密度は 2.69×10^3 [kg/m³] である．
   ① 自由電子密度 n [m⁻³] を求めよ．
   ② 緩和時間 τ を求めよ．室温での比抵抗は $\rho_e = 2.8 \times 10^{-8}$ [Ωm] とする．
   ③ 長さ 1 [m] のアルミニウム線に 50 [V] の電圧をかけて電流を流した．定常状態における自由電子の速さを求めよ．
   ④ アルミニウムの中ではなく，真空中で同じ電位差で電子を加速したとする．このときの最終的な速度を求め，③で求めたアルミニウム中の電子の速度と比較せよ．

5. 図 5.5 の RC 回路（$R = 1.5$ [MΩ], $C = 12$ [μF]）において，はじめ，C に電荷があり，電圧は V_0 であったものを，スイッチを入れて放電させる．以下の問いに答えよ．
   ① $V_0 = 6.3$ [V] とするとき，はじめにコンデンサに蓄えられていた電荷 Q_0 を求めよ．
   ② この回路の時定数 τ を求めよ．
   ③ 時定数 τ に相当するだけの時間がたったときには，コンデンサに残った電荷は最初の何％になるか．
   ④ このときの電荷量を求めよ．
   ⑤ 時間が 3τ たったとき，コンデンサに残っている電荷は最初の何％になるか．

6 電流と磁界

静電界は電荷によってつくられる．これに対し，静磁界は電流によっても，また磁石によってもつくられる．しかも，それぞれの磁界には異なる点がある．電流による磁界は，アンペールの法則に従う．また，物質の磁気には，スピン磁気モーメントによるものと，原子的尺度の電流によるものとがある．最後に，電流による磁界と磁石による磁界を統一的に理解する試みを述べる．

6.1 磁気力

磁石（magnet）というものがあって，鉄片を引き付けることはかなり昔から知られていた．小アジアのマグネシア（Magnesia）地方に産出するある種の鉱物，すなわち，磁鉄鉱（Fe_3O_4, magnetite）が磁石になることはギリシア時代の記録にある．物体にこのような磁性をもたらす原因を磁気（magnetism）という．

磁石の性質，とくに南北を指す性質は古くから知られ，航海用の羅針盤などに利用されてきた．13世紀に，ペレグリヌスは磁石に今日の言葉でいうN極とS極とがあること，同極どうしは反発し，異極どうしは引き合うことを述べている．また，16世紀には，ギルバートが地球自身が大きな磁石であることを実験で確かめている．磁石にこのような磁極があるということは，その部分に電荷に対応した磁荷（magnetic charge）というものが存在するためだと考えられたのは当然であろう．すなわち

  N極には → 正の磁荷 $+q_m$ が
  S極には → 負の磁荷 $-q_m$ がある

と考えられていた．

棒磁石から正負の磁荷を別々に分離して取り出すことはできない．これは，正負の電荷を分離できる電荷の場合とはまったく異なる．しかし，クーロンは二つの磁極の間には，点電荷のときと同様に，距離の2乗に反比例する磁気力

第6章 電流と磁界

が働くことを実験で確かめたのである．このように，電気現象と磁気現象とは似たところがあることは古くから知られていたが，実際に密接な関係にあるということがわかったのは，1820年のエルステッドによる電流の磁気作用の発見によってであった．これについては，すでにいくらかふれてはきた．すなわち，電流の流れている針金の近くでは磁針が動かされるのであった．

デンマークはコペンハーゲンのエルステッドの1819～1820年のこの発見が，フランスのパリのアカデミー・ロイヤルに伝えられたのは1820年の9月であった．多くの会員たちは，そんなことはあるまいといって信じなかった．例外は，アンペールただ一人であった．その重大性に気づいた彼は，急きょ実験を行い，2週間の内にそれを追認した．そして，電流どうしの作用する力を精密に測定した．すなわち，2本の平行電流の間には引力が，また，反平行電流の間には斥力が作用することを見い出したのである．このことは，電流間の力が電荷間の力（クーロン力）とは性格の異なったものであることを示している．なぜならば，クーロン力では同種の電荷の間には斥力が，異種電荷間には引力が作用するからである．アンペールは，さらに，長さLの電流I_1と無限に（十分に）長い電流I_2との間の力Fは，電流の強さの積$I_1 \times I_2$とLに比例し，距離Rに反比例することを明らかにした．

$$F = k\frac{LI_1I_2}{R} \qquad (6.1)$$

ここで，kは比例定数である．

ここで話をちょっとずらしてみる．これは先にもふれたが，電流の単位アンペア[A]の決め方のことである．これは式(6.1)によって決定するのである．すなわち，2本の直線平行導体に同じ強さの電流を流し，両者の間隔が1[m]であるとき，1[m]あたりに作用する力の大きさが2×10^{-7}[N/m]である場合に，その電流の強さを1[A]と定義するのである．したがって，このような場合には上式(6.1)は

$$2 \times 10^{-7} [\text{N}] = k\frac{1 \cdot I^2}{1}[\text{m} \cdot \text{A}^2/\text{m}] = kI^2 [\text{A}^2] \qquad (6.2)$$

6.1 磁 気 力

となるから，$k = 2 \times 10^{-7} \, [\text{N/A}^2]$ である．しかし，SI（あるいは，MKSA）単位系では，$k = \mu_0/2\pi$ とおいて，k の代わりに

$$\mu_0 = 2\pi k = 4\pi \times 10^{-7} \quad [\text{N/A}^2] \tag{6.3}$$

を比例定数として利用する．μ_0 は**真空の透磁率**（permeability of vacuum）という．この μ_0 を用いると式(6.1)は

$$F = \frac{\mu_0}{2\pi} \cdot \frac{LI_1 I_2}{R} \tag{6.4}$$

これは，静電気の場合のクーロンの法則

$$F = \frac{1}{4\pi\varepsilon_0} \cdot \frac{q_1 q_2}{R^2} \tag{6.5}$$

に対応するものである．

静電気のクーロン力と同様に，この磁気力もまた（遠く離れて直接に働くのではなく）順に作用が及んでいくという，近接作用の力であると解釈されている．そこで，静電気の場合と同じように，上記の式(6.4)を二つの式に分離して

$$F = LI_1 B \quad [\text{N}] \tag{6.6}$$

$$B = \frac{\mu_0}{2\pi} \cdot \frac{I_2}{R} \quad \left[\frac{\text{N}}{\text{Am}}\right] \tag{6.7}$$

と書き表す．すなわち，電流 I_2 はその周りの空間に，式(6.7)で与えられるような『場 B』をつくり，たまたまここに電流 I_1 を持ってくると，それに式(6.6)の力が働くと考える．この『場 B』のことを**磁界**（magnetic field）といい，B そのものに対しては**磁束密度**（magnetic flux density）という名前を付ける．これを磁界の強さといわないのは，磁気学の発展の歴史的な事情によるものである．

式(6.6)に基づき，電流 $1\,[\text{A}]$ の流れる導線 $1\,[\text{m}]$ あたりに作用する力が 1

[N] の場合に磁束密度を 1 [T（テスラ）] と定義する．すなわち

$$1\,[\text{T}] = 1\left[\frac{\text{N}}{\text{Am}}\right] \tag{6.8}$$

式 (6.7) から，1 [A] の流れる直線の導線から 1 [m] 離れた場所での磁束密度 B の大きさは，次のようになる．

$$B = \frac{\mu_0}{2\pi}\cdot\frac{1}{1} = 2\times 10^{-7}\,[\text{T}] \tag{6.9}$$

よく使われる単位，ガウス [G] は

$$1\,[\text{G}] = 10^{-4}\,[\text{T}] \tag{6.10}$$

[T] という単位は実用的には少々大きすぎるので，その 1 万分の 1 の [G] がまだ使われている．たとえば，地磁気による磁束密度は日本の中部あたりでは $3\times 10^{-5}\,[\text{T}]$，すなわち，0.3 [G] である．ちなみに，直線電流から 1 [m] 離れた点に 1 [T] の大きさの磁束密度をつくり出すには何 [A] 必要であるかというと

$$I_2 = \frac{2\pi RB}{\mu_0} = \frac{2\pi\times 1\times 1}{4\pi\times 10^{-7}} = 5\times 10^6\,[\text{A}] \tag{6.11}$$

となり，相当に大きな電流となる．逆にいえば，1 [T] というのはたいへん大きな値なのである．

例題 6-1 100 [A] の電流の流れている直線状導線から 5 [cm] 離れた場所の磁束密度は何 [T] か．また [G] 単位ではいくらになるか．

解答 $B = \dfrac{\mu_0}{2\pi}\cdot\dfrac{I_2}{R} = \dfrac{4\pi\times 10^{-7}\times 100}{2\pi\times 5\times 10^{-2}} = 4\times 10^{-4}\,[\text{T}] = 4\,[\text{G}]$

6.2　静磁界の法則

図 6.1 に示すように，長い直線状の導線に電流を流し，その近くに小磁針を

6.2 静磁界の法則

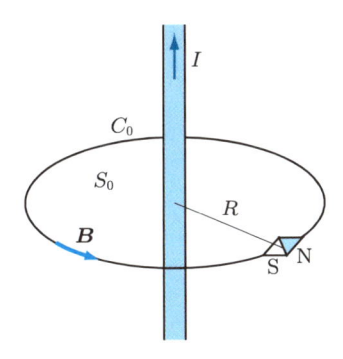

図 6.1 直流電流のつくる磁界

おくと，導線に垂直な平面上で，導線に垂直な方向に静止する．地磁気（≒ 0.3 [G]）より十分強い磁界ができるような電流を流すものとする．そのとき，磁針の N 極（地球の北極を指す極）が向いた方向を，磁束密度 B のベクトルの向きだと約束する．そうすると，電流の方向を右ネジの進行方向とすると，ネジの回転する方向が磁束密度の方向となる．これを，右ネジの法則という．小磁針を上記の導線のまわりに移動させると，磁界の方向も，電流の周りを回転していることがわかる．前述の電気力線（electric line of force）のように，磁界の方向に沿い磁束密度のつくる線，すなわち磁束線（lines of magnetic induction）を考える．これは，明らかに閉曲線を形づくっている．

磁束密度 B は閉曲線をつくっているので，磁界の中で任意の閉曲面 S_0 を取ると，この閉曲面 S_0 上の面積分は

$$\int_{S_0} B_n dS = 0 \qquad (6.12)$$

これが磁界に関するガウスの法則である．一方，電界に関するガウスの法則は，電束密度 D が電荷 q_e を元にしてつくられていることから，すでに学んだように（式(4.16)参照）

$$\int_{S_0} D_n dS = q_e \qquad (6.13)$$

第6章 電流と磁界

この二つの法則を比較すると，電束密度 $\boldsymbol{D}$ が真電荷 q_e に起因しているのに対し，電荷 q_e に相当する独立した磁荷 q_m というものが存在しないことがわかる．またこのことは，磁束密度 $\boldsymbol{B}$ が磁荷を源とせずに作られることを示している．

直線電流 I のつくる磁束密度 B の大きさは，前述の式 (6.7)

$$B = \frac{\mu_0}{2\pi} \cdot \frac{I_2}{R} \tag{6.7}$$

で与えられる．これを書き換えると

$$2\pi RB = \mu_0 I \tag{6.14}$$

この式の左辺は，図 6.1 の半径 R の円形の閉曲線 C_0 上で磁束密度を加え合わせたものを示し，一方，右辺は円 C_0 で囲まれている電流 I に透磁率 μ_0 をかけたものであり，両者が等しいといっていることになる．

これを数式的に書きかえると，一般的に

$$\int_{C_0} \boldsymbol{B} \cdot d\boldsymbol{s} = \mu_0 I \tag{6.15}$$

式 (6.15) を<u>アンペールの法則</u>と呼ぶ．ここで，左辺の積分は，閉曲線 C_0 に沿って計算することを示し，<u>線積分</u>または<u>周回積分</u>と呼ばれている．

この関係は，閉曲線 C_0 および線電流の形が任意でも成立することが証明できる．さらに，右辺の電流に関しては，閉曲線に囲まれている中を通過する電流すべてと考えることができる．もし，**図 6.2** のように，閉曲線 C_0 の中に $I_1(>0)$，$I_2(<0)$ の二つがあるとすれば，その合成量で考えればよいことになる．すなわち

$$\int_{C_0} \boldsymbol{B} \cdot d\boldsymbol{s} = \mu_0 (I_1 - I_2) \tag{6.16}$$

結局，そうしたすべての電流を総合して，これを I とすれば，式 (6.15) が成立するのである．閉曲線の外側にある電流 I_3 は，いかに近くにあっても計

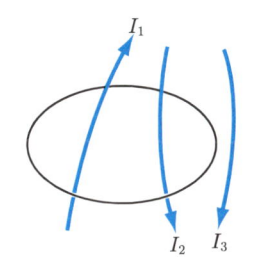

図 6.2 アンペールの法則

算の中には入ってこない．

 以上の二つの法則，ガウスの法則（式(6.12)）とアンペールの法則（式(6.15)）が定常電流のつくる静磁界を規定する重要な基本法則となっている．

 これらの静磁界の法則に関して，静電界の法則との関係を振り返ってみよう．ガウスの法則についてはすでに述べた．これにアンペールの法則などを入れると，**表 6.1** のようにまとめられる．

表 6.1　静電界および静磁界における基本法則の比較

	閉曲面 S_0 で面積分	閉曲線 C_0 で線積分
静電界	$\int_{S_0} E_n dS = \dfrac{Q}{\varepsilon_0}$: ガウスの法則	$\int_{C_0} \boldsymbol{E} \cdot d\boldsymbol{s} = 0$
静磁界	$\int_{S_0} B_n dS = 0$: ガウスの法則	$\int_{C_0} \boldsymbol{B} \cdot d\boldsymbol{s} = \mu_0 I$: アンペールの法則

 この表で，右上の欄の式は特に名前がないが，ごく当たり前のことをいっているにすぎない．それは，静電界 $\boldsymbol{E}$ において，単位の電荷がある閉曲線に沿って微小距離 $d\boldsymbol{s}$ だけ動くときに得る仕事は $\boldsymbol{E} \cdot d\boldsymbol{s}$ であり，閉曲線全体で一回りすると 0 になることを示している．すなわち，静電界では電位 V があり，パスに沿っての電界の強さ E_s とは

$$E_s = -\frac{dV}{ds} \qquad (6.17)$$

のような関係があり，これから導かれる一回りの仕事は 0 であった．また，電気力線は閉曲線にはならず，あるところ（高電位）からはじまり，ほかのとこ

第6章 電流と磁界

ろ（低電位）に終わった．

一方，静磁界では，磁束密度 B の磁力線は閉曲線をつくり，また線積分は一般には 0 でない，すなわち，磁束密度 B は電位 V のようなスカラーポテンシャルでは表すことができない．

例題 6-2 図 6.3 に示すように，無限長の円柱（半径 a）の中を，一様な密度で電流（総量 I_0）が流れているとする．円柱の中心を原点とし，円柱の軸に対して垂直方向の距離を R とする．円柱の内外を問わずこれを真空と考え，透磁率を μ_0 とする．このとき，

① 磁束密度 B を距離 R の関数として求めよ．

② グラフでそれを示せ．グラフの縦軸の目盛は，B の最大値を単位とせよ．横軸は 0, a, $2a$, $3a$, $4a$, $5a$, …のように目盛って描くこと．

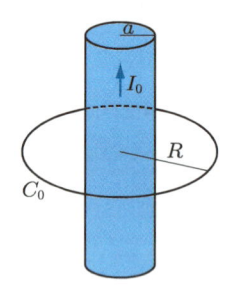

図 6.3　円筒形電流のつくる磁界

解答　① 磁束密度，いいかえると磁束線は図のように円柱の中心軸の周りに対称になっている．閉曲線 C_0 として半径 R の円をとり，これに対してアンペールの法則を適用する．

はじめに，円柱の外部（$R > a$）で考える．積分すべき円は円柱を全部取り囲んでいるから，全電流 I_0 を全部囲んでいることになる．よって

$$2\pi R B = \mu_0 I_0$$

$$\therefore B = \frac{\mu_0 I_0}{2\pi R} \quad (R > a)$$

これは，磁束密度 B は $R = a$ での値からはじまり，R に逆比例して減少することを示す．

次に，円柱の内部（$R \leqq a$）で考えよう．閉曲線 C_0 は円柱の内部にあるから，そのまた内側を貫く電流の量 I はその面積に比例し

$$I = \frac{R^2}{a^2} I_0$$

そこで，アンペールの法則より

$$2\pi R B = \frac{\mu_0 I_0 R^2}{a^2}$$

$$\therefore B = \frac{\mu_0 I_0}{2\pi a^2} R \quad (R \leqq a)$$

すなわち，この範囲では，磁束密度 B は R に比例して増加することになる．

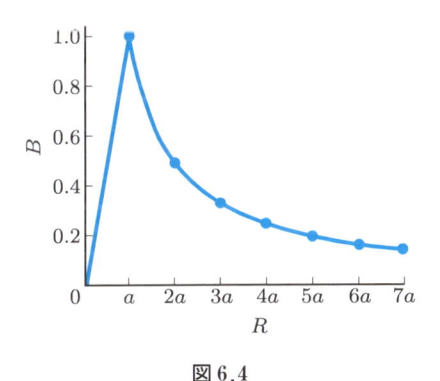

② 図 6.4

図 6.4

6.3 ビオ・サバールの法則

前節で述べたように，直流電流 I のつくる磁界は

$$B = \frac{\mu_0}{2\pi} \frac{I}{R} \tag{6.18}$$

で与えられる．これを，演習問題 2.3 の直線状の電荷がつくる静電界の式

$$E = \frac{1}{2\pi\varepsilon_0} \frac{\lambda}{R} \tag{6.19}$$

と比較すると，まったく同じ形をしていることに気付く．この式 (6.19) の電

第 6 章 電流と磁界

界は，図 6.5 に示した導線上の微小電荷 $\lambda \Delta z$ のつくる電界 ΔE の導線に垂直方向の成分

$$\Delta E_\perp = \frac{1}{4\pi\varepsilon_0} \frac{\lambda \Delta z \sin\theta}{r^2} \qquad (6.20)$$

を導線上の電荷分布全体にわたって積分したものである．そこで，磁界についての式 (6.18) もまた，導線を流れている電流の微小部分 $I\Delta s$ が，図 6.6 の P 点に

$$\Delta B = \frac{\mu_0}{4\pi} \frac{I\Delta s \sin\theta}{r^2} \qquad (6.21)$$

で与えられる磁界をつくり，それらを導線全体にわたって積分したものであると考えられる．ただし，ここで，式 (6.19) の電界の方は直線電荷を中心として，放射状になっているのに対して，式 (6.18) の磁界の方は直線電流を中心として同心円状になっている．これが両者の本質的な違いである．

　電流と磁束密度の間に成り立つこの一般的な関係（式 (6.21)）をビオ・サバールの法則という．アンペールがそうであったように，ビオとサバールの 2 人は，エルステッドの発見（1820 年）を聞き，ただちに直線電流の周りに生じる磁界の強さを測定，その 11 月には，はやくも実験的にこのような関係を発見したのである．

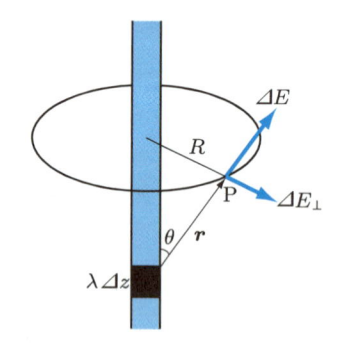

図 6.5　直線状電荷のつくる静電界 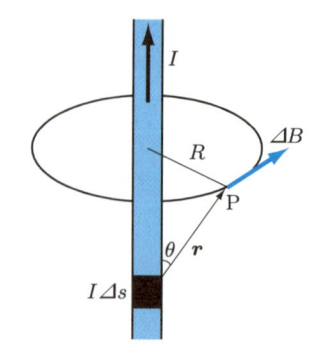　　図 6.6　電流素片のつくる静磁界

6.3 ビオ・サバールの法則

次に，ビオ・サバールの法則をベクトルで表現する．p.31 で説明したベクトル積を用いると

$$\varDelta \boldsymbol{s} \times \boldsymbol{r} = \varDelta s r \sin\theta \tag{6.22}$$

であるから，電流素片 $I\varDelta \boldsymbol{s}$ がそこからベクトル $\boldsymbol{r}$ の位置につくる磁束密度 $\varDelta \boldsymbol{B}$ は

$$\varDelta \boldsymbol{B} = \frac{\mu_0}{4\pi} \frac{I\varDelta \boldsymbol{s} \times \boldsymbol{r}}{r^3} \tag{6.23}$$

で与えられる（念のためにつけ加えれば，$\boldsymbol{r}/r$ は $\boldsymbol{r}$ 方向の単位ベクトルになるので，式(6.23)の分母は r^3 となる）．この式(6.23)を，ビオ・サバールの法則という．

図 6.7 に示すように，原点を O にとり，問題にしている位置ベクトルを $\boldsymbol{s}$，磁界を求める点の位置ベクトルを $\boldsymbol{x}$ とすると，$\boldsymbol{r} = \boldsymbol{x} - \boldsymbol{s}$ となる．このとき，ビオ・サバールの法則は

$$d\boldsymbol{B} = \frac{\mu_0}{4\pi} \frac{Id\boldsymbol{s} \times (\boldsymbol{x} - \boldsymbol{s})}{|\boldsymbol{x} - \boldsymbol{s}|^3} \tag{6.24}$$

磁束密度 $\boldsymbol{B}$ を与える法則をこのような形で表しておけば，これを積分することにより，任意の形をした電流回路による磁束密度 $\boldsymbol{B}(\boldsymbol{x})$ を次のように求め

図 6.7 ビオ・サバールの法則

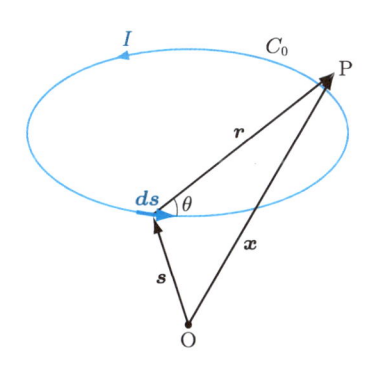

第 6 章 電流と磁界

ることができる．

$$B(x) = \frac{\mu_0 I}{4\pi} \int_{C_0} \frac{ds \times (x-s)}{|x-s|^3} \tag{6.25}$$

例題 6-3 図 6.8 に示すような，電流 I が流れる半径 a の円形電流の中心軸上の磁界について考える．以下の問いに答えよ．

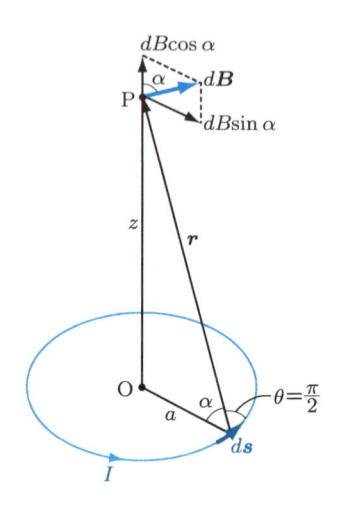

図 6.8 円形電流の中心軸上の静磁界

① 高さ z の位置にできる磁束密度 $B(z)$ を求めよ．

② 中心の磁束密度 $B(0)$ を求めよ．

③ $I=1\,[\text{A}]$，$a=10\,[\text{cm}]$ ならば磁束密度 $B(z)$ はどうなるか．

④ $z=0,1,2,5,10,20,50,100\,[\text{cm}]$ のとき磁束密度 $B(z)$ を計算して表を作れ．

⑤ それをグラフにプロットせよ．ただし，横軸は対数目盛とする．

解答 ① ビオ・サバールの法則において，$\sin\theta = \sin(\pi/2) = 1$ であるから

$$dB = \frac{\mu_0}{4\pi} \frac{Ids}{r^2}$$

この磁束密度のうち，図の円に平行な成分 $dB\sin\alpha$ は，上式を円周上で積分し

たときに消えてしまう．残るのは中心軸の方向の成分だけであり，したがって，点 P では OP $= z$ として

$$B(z) = \frac{\mu_0 I}{4\pi} \frac{\cos\alpha}{r^2} \int_{C_0} ds = \frac{\mu_0 I}{4\pi} \frac{\cos\alpha}{r^2} 2\pi a = \frac{\mu_0 I a^2}{2(z^2 + a^2)^{3/2}}$$

② $z = 0$ のとき

$$B(0) = \frac{\mu_0 I}{2a}$$

③ $I = 1$ [A], $a = 10$ [cm] とすれば

$$B(z) = \frac{4\pi \times 10^{-7} \times 0.1^2}{2(z^2 + 0.1^2)^{3/2}} = \frac{6.28 \times 10^{-9}}{(z^2 + 0.01)^{3/2}} = \frac{6.28 \times 10^{-6}}{(100z^2 + 1)^{3/2}}$$

④

z[cm]	0	1	2	5	10	20	50	100
$B(z)$[T]	6.28×10^{-6}	6.18×10^{-6}	5.92×10^{-6}	4.49×10^{-6}	2.22×10^{-6}	5.61×10^{-7}	4.73×10^{-8}	6.18×10^{-9}

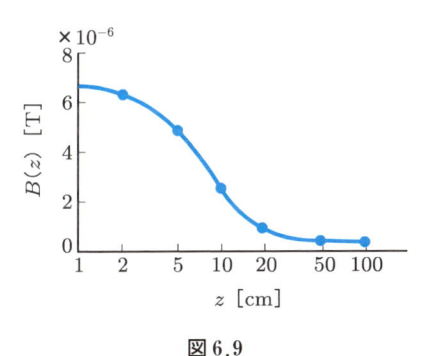

⑤ 図 6.9

図 6.9

図 6.10 に示すように，中空円筒面に沿って導線をらせん状に一様に密に巻いたものを<u>ソレノイド</u>という．コイルの巻き数を N，円筒の半径を a，長さを $L(\gg a)$ とする．このコイルに電流 I を流すと，同じ大きさの円電流を N 回重ねたものと考えることができる．単位長さあたりの巻き数は $n = N/L$ 巻きである．

まずはじめに，中心軸上の磁束密度を求めてみよう．これには例題 6-3 の答を用いる．ソレノイド dz あたりの巻き数は ndz であり，この部分を流れる電流の量は $Indz$ である．これによる中心軸上の点 P における磁束密度は

第6章 電流と磁界

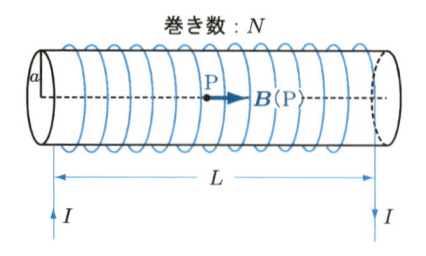

図6.10 ソレノイド

$$dB(\text{P}) = \frac{\mu_0 I a^2}{2(z^2 + a^2)^{3/2}} n\,dz \qquad (6.26)$$

これを，ソレノイド全長にわたって積分する．ここで，ソレノイドの長さ L が半径 a に比べて十分長いため，積分範囲を $-\infty$ から ∞ と近似すると

$$B(\text{P}) = \frac{\mu_0 n I a^2}{2} \int_{-\infty}^{\infty} \frac{dz}{(z^2 + a^2)^{3/2}} = \frac{\mu_0 n I a^2}{2} \frac{2}{a^2} = \mu_0 n I \qquad (6.27)$$

これがソレノイドの中心軸に沿っての磁束密度 B である．端の影響がないとすれば，場所によらず一定であることがわかる．

それでは，中心軸以外ではどうであろうか？ またソレノイドの外側ではどうか？ これは，アンペールの法則を用いて考えることができる．まず，ソレノイドの軸を含む断面内に，**図6.11** のような長方形の閉曲線を考え，アンペールの法則を適用する．積分に寄与するのは軸に平行な辺 AB と CD であるから

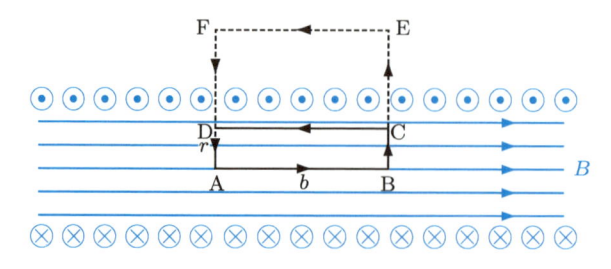

図6.11 ソレノイドのつくる磁界の計算

6.4 磁界内の電流に働く力（アンペールの力）

$$\mathrm{AB} = \mathrm{CD} = b \tag{6.28}$$

とすると

$$\int \boldsymbol{B}d\boldsymbol{s} = [B(0) - B(r)]b = \mu_0 \times 電流 \tag{6.29}$$

が成り立つ．ここで，$\mathrm{AD} = r(r < a)$ とすれば，長方形を貫く電流はないので，この積分は 0 となる．よって，$B(0) = B(r)$ で，これはソレノイドの内部では，r によらず磁束密度が一様であるということである．図の EF のように外側まで長方形をのばすと，$\mathrm{AF} = r(r > a)$ であり

$$[B(0) - B(r)]b = \mu_0 Inb \tag{6.30}$$

ここで，n は単位長さ当たりのコイルの巻き数であるので，それに b をかけたものが長方形を貫く導線の本数である．式 (6.30) に $B(0) = \mu_0 nI$ を代入すれば，$B(r) = 0$ を得る．以上をまとめると，ソレノイドがつくる磁界は

$$B(r) = \begin{cases} \mu_0 In & (r < a) \\ 0 & (r > a) \end{cases} \tag{6.31}$$

例題 6-4 半径 $a = 0.75\,[\mathrm{cm}]$，長さ $L = 8\,[\mathrm{cm}]$ の円筒にコイルを 500 回巻いたソレノイドに電流 $I = 1.0\,[\mathrm{A}]$ を流したとき，ソレノイド内部の磁束密度を求めよ．

解答 $B = 4\pi \times 10^{-7} \times 1.0 \times \dfrac{500}{0.08} = 7.85 \times 10^{-3}\,[\mathrm{T}]$

6.4 磁界内の電流に働く力（アンペールの力）

すでに述べたように，磁束密度 $\boldsymbol{B}$ のあるところで，その $\boldsymbol{B}$ に対して垂直におかれた長さ L の導線に電流 I を流すと

$$F = LIB \tag{6.32}$$

の大きさの力が働く．この力の方向は，$\boldsymbol{I}$ と $\boldsymbol{B}$ の両方に垂直になる．

第 6 章　電流と磁界

一般に，I と B とが互いに直交せず，角度 θ の場合には電流素片 $I\Delta s$ に作用する力 ΔF の成分は

$$\Delta F = I\Delta s B \sin\theta \tag{6.33}$$

これは，ベクトル積を用いて表すと

$$\Delta F = I\Delta s \times B \tag{6.34}$$

この力を，アンペールの力（Ampere force）と呼ぶ．その大きさは，電流素片 $I\Delta s$ と B の二つのベクトルがつくる平行四辺形の面積であり，その方向は，図 6.12 に示すように，この二つのベクトルのつくる平面（図 6.12 に斜線で示した平行四辺形の平面）に垂直な方向である．

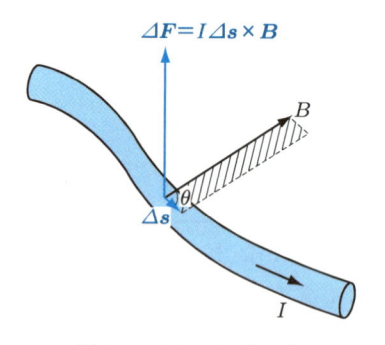

図 6.12　アンペールの力

とくに，$\theta = 90°$ の場合には，次に述べるフレミングの左手の法則がある．すなわち，左手の人差し指の方向を B，中指の方向を I とすると，力 F は親指の方向を向くのである．しかし，後で述べるようにフレミングの右手の法則というのもあるので，どの指がどの物理量に対応するかを覚えるよりも，式 (6.34) のベクトル積と図 6.12 で覚えておく方がよい．

例題 6-5　磁束密度 $B = 0.1$ [T] の磁界中に，B に対して 30° の角度で導線をおく．この導線に電流 $I = 0.3$ [A] を流したとき，導線の単位長さ

6.4 磁界内の電流に働く力（アンペールの力）

あたりに働く力の大きさを求めよ．

解答 $F = IB\sin\theta = 0.3 \times 0.1 \times \sin 30° = 0.015\,[\mathrm{N/m}]$

次に，磁界中にコイルをおいた場合について考える．この場合，コイルはアンペールの力により回転力を受ける．磁束密度 $\boldsymbol{B}$ の中においた長方形のコイルが，図 6.13 のように回転軸 PQ で固定されている．コイルには定常電流 I を流す．辺 AB に作用する力は左向きで，辺 CD に作用する力は右向きだから釣り合って打ち消し合う．辺 DA, BC に働く力は $\boldsymbol{B}$ に垂直で，互いに反対向きであるので，偶力を形成する．その力の大きさは，辺 DA, BC の長さを b とすると，それぞれ IBb である．また，辺 AB, CD の長さを a とすると，腕の長さは $a\sin\theta$ である．よって，モーメントの大きさは

$$N = Fa\sin\theta = IBab\sin\theta = IBS\sin\theta \qquad (6.35)$$

ここで，$ab = S$ はコイルの面積である．なお，平面状のコイルでは，コイルの形に関係なく式(6.35)が成り立つことが証明できる．結局，コイルにはこれだけのモーメントが作用して，$\theta = 0$ すなわち，コイル面を磁界の方向に垂直にしようとする力が働くのである．この原理によって，モーターが回っているのである．

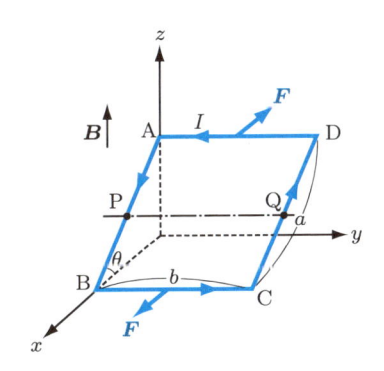

図 6.13 長方形コイルに働く力のモーメント

例題 6-6 一辺が 10 [cm] の正方形で，巻き数 $n = 25$ 巻きのコイルを

回転軸で固定した．これに磁束密度 $B = 0.2\,[\mathrm{T}]$ の一様な磁界を，コイル面の法線に対し $\theta = 30°$ の方向で印加したとする．電流 $I = 1\,[\mathrm{A}]$ をこのコイルに流したとき，コイルに働くモーメントの大きさを求めよ．

解答 $N = nIBa^2 \sin\theta = 25 \times 1 \times 0.2 \times 0.1^2 \times \sin 30° = 2.5 \times 10^{-2}\,[\mathrm{Nm}]$

6.5 電磁界中の荷電粒子に働く力（ローレンツ力）

次に，電磁界中の荷電粒子に働く力について考えてみよう．荷電粒子の質量を m，電荷を q（電子の場合は $-e$ となる）とする．まず，電界 $\boldsymbol{E}$ の中では，すでに学んだように，粒子の受ける力は

$$\boldsymbol{F} = q\boldsymbol{E} \tag{6.36}$$

次に，仮想の導線回路を考えて，その中を荷電粒子が速さ v で運動しているとしよう．これに磁界 $\boldsymbol{B}$ はどう作用するのであろうか．仮想導線の単位長さあたりに含まれる荷電粒子の数を n_l とすると，導線の任意の断面を単位時間に通過する電荷の量は $qn_l v$ である．これは電流の強さ I にほかならない．すなわち

$$I = qn_l v \tag{6.37}$$

この電流に，磁束密度 $\boldsymbol{B}$ の磁界がかかったとすると，長さ $\varDelta s$ の導線中にある全荷電粒子に働く力は，アンペールの力 $\varDelta \boldsymbol{F}$ であるから

$$\varDelta \boldsymbol{F} = I\varDelta \boldsymbol{s} \times \boldsymbol{B} = qn_l v \varDelta \boldsymbol{s} \times \boldsymbol{B} = n_l \varDelta s q \boldsymbol{v} \times \boldsymbol{B} \tag{6.38}$$

ただし，粒子は電流素片と同方向に動いているから，$v\varDelta \boldsymbol{s} = \boldsymbol{v}\varDelta s$ とした．
そこで，粒子1個あたりに作用する力 $\boldsymbol{F}$ を考えると

$$\boldsymbol{F} = q\boldsymbol{v} \times \boldsymbol{B} \tag{6.39}$$

と表現できる．

電界による式 (6.36) と，磁界による式 (6.39) とを組み合わせると，電界 $\boldsymbol{E}$ および磁界 $\boldsymbol{B}$ の中にある荷電粒子には

6.5 電磁界中の荷電粒子に働く力（ローレンツ力）

$$F = q(E + v \times B) \quad (6.40)$$

の力が作用する．この力を**ローレンツ力**（Lorentz force）という．よって，この力を受けて運動する質量 m の荷電粒子の運動方程式は

$$m\frac{dv}{dt} = q(E + v \times B) \quad (6.41)$$

この式によって，電磁界の中の荷電粒子の挙動を知ることができる．

例として，簡単のために $E = 0$ とし，荷電粒子の動いている方向に対して磁界を直角にかけるとしよう．図 **6.14** に示すように，荷電粒子にかかる力 F は式(6.41)から v にも B にも垂直である．つまり，荷電粒子には qvB の求心力が作用していることになる．したがって，粒子は B に垂直な平面上で，等速円運動をする．この場合，遠心力と求心力がつり合うことから

$$m\frac{v^2}{r} = qvB \quad (6.42)$$

が成り立つ．ここで，r は等速円運動の半径であり，上式より

$$r = \frac{mv}{qB} \quad (6.43)$$

なお，粒子の速度 v は磁界による力 $qv \times B$ と常に直交しているので，磁界は粒子に対していっさい仕事をしていない．すなわち，磁界による力は，粒

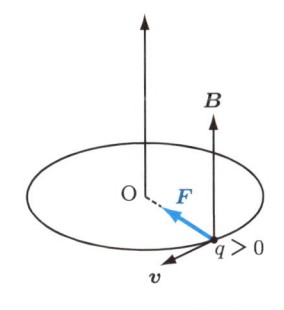

図6.14 荷電粒子のサイクロトロン運動

子の運動の方向を変えるだけの作用をしている．よって，はじめの速度の大きさを v_0 とすると，いつまでも速さはこの v_0 であるので

$$r_c = \frac{mv_0}{qB} \tag{6.44}$$

これを**サイクロトロン半径**と呼ぶ．

さらに，円運動の角速度を求めると

$$\omega_c = \frac{v_0}{r} = \frac{qB}{m} \tag{6.45}$$

これを**サイクロトロン角振動数**と呼ぶ．ここで，この値は速さ v_0 に無関係であることに注意したい．

例題 6-7 磁束密度 $B = 4 \times 10^{-3}\,[\text{T}]\,(= 40\,[\text{G}])$ の一様な磁界中に，300 [V] で加速された電子を磁界と垂直に入射させたとき，電子のサイクロトロン半径およびサイクロトロン角振動数を求めよ．

解答 電子の速度 v は，加速電圧を V とすると，m_0 を電子の質量として

$$\frac{m_0 v^2}{2} = eV$$

より

$$v = \sqrt{\frac{2eV}{m_0}} = \sqrt{\frac{2 \times 1.6 \times 10^{-19} \times 300}{9.1 \times 10^{-31}}} = 1.03 \times 10^7 [\text{m/s}]$$

よって

$$r_c = \frac{m_0 v}{eB} = \frac{9.1 \times 10^{-31} \times 1.03 \times 10^7}{1.6 \times 10^{-19} \times 4 \times 10^{-3}} = 1.46 \times 10^{-2} [\text{m}]$$

$$\omega_c = \frac{eB}{m_0} = \frac{1.6 \times 10^{-19} \times 4 \times 10^{-3}}{9.1 \times 10^{-31}} = 7.03 \times 10^8 [\text{rad/s}]$$

6.6 磁荷と磁界

磁石を分割すると，その断面に新たに磁極と同量の正負の磁荷が現れてしまい，N 極と S 極とを別々に取り出すことはできない．この点が，正負の電荷を分離できる電気現象と本質的に異なるのである．アンペールは，この磁荷の

分離不可能性を説明するために，磁荷というものは実在しないとし，磁界生成の原因は磁石を構成している分子の性質によるとした．すなわち，磁石を構成している分子は微小な円形電流であって，それがつくる磁界の平均値が磁石全体としての磁界になるとした．この微小な円形電流を**分子電流**（molecular current）という．このように考えると，ひとつの磁石から正負の磁荷を分離できないのは当然だということになる．なぜなら，正負の磁荷などというものははじめから存在しないのだから．それでは

① 小磁石（正負の磁荷 $\pm q_m$）のつくる磁界（図 6.15）

および

② 微小な円形電流のつくる磁界（図 6.16）

の両者をそれぞれ求めて比較してみよう．結論を先にいうと，ある条件が整えば，少なくとも，ある程度離れたところの磁界の様子はまったく同じになるのである．

① アンペールの実験によると，磁荷どうしの間には，電荷の場合と同様にクーロンの法則が成立する．そこで，静電気の場合と同じように，磁荷 q_m の周りの空間には磁界ができ，その磁束密度は

$$B = k\frac{q_m}{r^2} \tag{6.46}$$

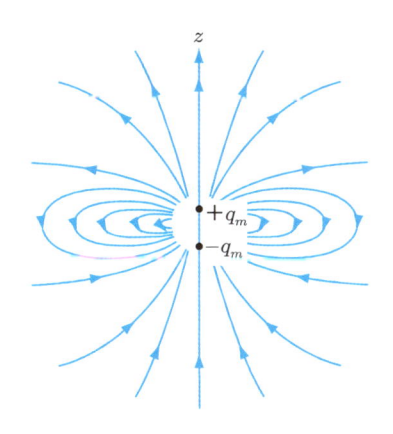

図 6.15　小磁石（磁気双極子）のつくる磁界

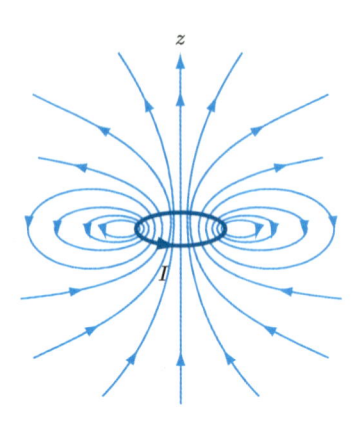

図 6.16 円形電流のつくる磁界

の形で与えられると考えられる．ここで便宜上 $k = 1/4\pi$ ととり，あとはつじつまが合うように，磁荷 q_m の単位を考えればよい．そうすると

$$B = \frac{1}{4\pi}\frac{q_m}{r^2} \tag{6.47}$$

いま，$\pm q_m$ の磁荷が距離 s だけ離れてできた小さな磁石が，z 軸に沿って $z = 0$ にあるとする．z 軸上の $z(\gg s)$ における磁束密度は，上式を用いて

$$\begin{aligned}B &= \frac{q_m}{4\pi}\left[\frac{1}{\left(z-\frac{s}{2}\right)^2} - \frac{1}{\left(z+\frac{s}{2}\right)^2}\right] \\ &\simeq \frac{q_m}{4\pi z^2}\left[\left(1+\frac{s}{z}\right) - \left(1-\frac{s}{z}\right)\right] = \frac{2q_m s}{4\pi z^3} = \frac{m}{2\pi z^3}\end{aligned} \tag{6.48}$$

ここでおいた m は，この系の磁気双極子モーメントで

$$m = q_m s \tag{6.49}$$

② 次に，半径 a の円形電流がその中心軸上につくる磁束密度は，例題 6-3 で求めた式で $z \gg a$ とすると

$$B \simeq \frac{\mu_0 I a^2}{2z^3} = \frac{\mu_0 I S}{2\pi z^3} \tag{6.50}$$

ただし，$S = \pi a^2$ は円の面積である．

式(6.48)と式(6.50)を比較すると，もし

$$m = \mu_0 IS \qquad (6.51)$$

であれば，円形電流と小磁石は磁界に関しては等価だということになる．いいかえると，q_m, s, あるいは I, a などの相互関係がこのような条件を満たせば両者を等価にできるのである．なお，平面上の閉じた電流ならば，その面積を S として，この関係は成り立つ．

ここで，磁荷の単位について述べておこう．さきほど式(6.47)のようにおいたが，B の単位はすでに [T] としてある．そこで，この式の関係が満足されるように磁荷の単位を決めることにし，それを [Wb（ウェーバー）] と名付ける．1 [Wb] の磁荷からは，半径 r [m] の球面を貫いて磁束が出ていく．半径 r の球面上での磁束密度を B とすると，その $4\pi r^2$ 倍は全磁束である．それは，式(6.47)からまさに磁荷量 q_m [Wb] になる．別の見方をすれば，1 [Wb] の磁荷が，1 [m] 離れたところに $1/4\pi$ [T]（$= 8 \times 10^{-2}$ [T] $= 800$ [G]）の磁束密度を与える．これはかなり大きな値である．また，[Wb] は磁束の単位でもある．なお，式(6.47)より

$$1\,[\text{Wb}] = 1\,[\text{T} \cdot \text{m}^2] \qquad (6.52)$$

これは，電荷の単位 [C] に対応する．単位 [Wb] を用いて，磁束密度 B の単位として，[T] の代わりに [Wb/m^2] を使うこともある．

例題 6-8 半径 2.0×10^{-10} [m] の微小円形コイルに 5.0×10^{-3} [A] の電流が流れているとき，これに等価な磁気双極子モーメントの大きさはいくらか．

解答 式(6.51)より
$$m = \mu_0 IS = 4\pi \times 10^{-7} \times 5 \times 10^{-3} \times \pi \times (2.0 \times 10^{-10})^2$$
$$= 7.9 \times 10^{-28}\,[\text{Wb} \cdot \text{m}]$$

第6章 電流と磁界

次に，磁界の中におかれた磁荷の受ける力 F を求めよう．図 6.17 に示すように，磁石，すなわち磁気双極子 $\pm q_m$（正負磁極の間隔を s とする）が磁界に対して角度 θ だけ傾いているとすると，磁界から受ける力 F のモーメント N_1 は，腕の長さが $s\sin\theta$ であるから

$$N_1 = Fs\sin\theta \tag{6.53}$$

また，図示したように，この磁気双極子に垂直なコイルに流れる電流 I を考える．このコイルは磁界から力のモーメント N_2 を受けるが，これは先に述べた結果から

$$N_2 = IBS\sin\theta \tag{6.54}$$

ただし，S はコイルの面積である．

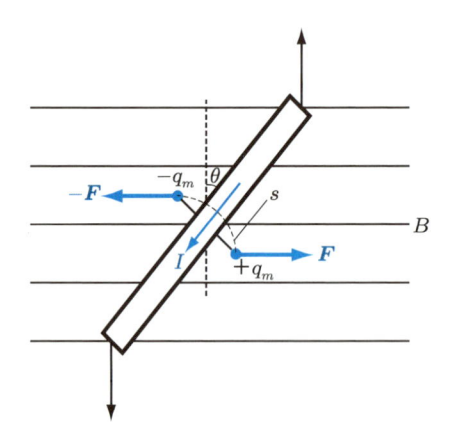

図 6.17 磁荷に働く力

ここで，磁気双極子 $\pm q_m$ によるモーメント（式(6.53)）と閉電流によるモーメント（式(6.54)）とが等価であるとするならば，$N_1 = N_2$ より

$$F = \frac{IS}{s}B \tag{6.55}$$

一方，閉電流 I と磁気双極子（$m = q_m s$）が等価であるための条件は，前に

述べたように，式(6.51)で与えられるから

$$q_m S = \mu_0 I S \tag{6.56}$$

この式と式(6.55)より

$$F = \frac{q_m}{\mu_0} B \tag{6.57}$$

ここで

$$\bm{B} = \mu_0 \bm{H} \tag{6.58}$$

のように，磁界の強さと呼ばれる量 H を定義すると，磁荷に働く力として

$$\bm{F} = q_m \bm{H} \tag{6.59}$$

を得る．ここで，H の単位は [N/Wb] であり，単位の磁荷が受ける磁気力である．これに対して，磁束密度 B の単位は [N/(A·m)] であり，単位電流の流れる導線に働く磁気力である．このように，磁荷に働く力は，電流に働く力 ($\bm{F} = I\bm{B}$) と違って，磁束密度 B ではなくて，磁界の強さ H に比例する．歴史的には，電流に作用するアンペールの力よりも，磁荷に作用する力 $\bm{F} = q_m \bm{H}$ の方が早く知られていたために，磁界の強さという呼び名は B ではなくて H の方に付けられたのである．後述するように，空間に磁気的な性質を持った物質が介在するときにも，B は変化するが，F は H に比例するのである．そして，透磁率 μ_0 は μ に置き換えられることになる．

また，$\bm{B}$ のベクトルに沿って描かれる曲線を磁束線，H についてはこれを磁力線という．真空中では，この二つは同じである．

ここで，式(6.59)の右辺の H がほかの磁荷によってつくられたものだとすると，式(6.47)から

第6章 電流と磁界

$$H = \frac{B}{\mu_0} = \frac{1}{4\pi\mu_0}\frac{q_m}{r^2} \tag{6.60}$$

これを用いれば，磁荷間に働く**クーロン力**は

$$F = \frac{1}{4\pi\mu_0}\frac{q_{m_A}q_{m_B}}{r^2} \tag{6.61}$$

これは，電荷間に作用するクーロン力

$$F = \frac{1}{4\pi\varepsilon_0}\frac{q_A q_B}{r^2} \tag{6.62}$$

に対応する式である．

> **例題 6-9** 距離 5 [cm] をおいた等しい強さの 2 個の磁極間に作用する力が 1 [N] のとき，その磁荷の大きさはいくらか．
>
> **解答** 式(6.61)より
> $$q_m = \sqrt{4\pi\mu_0 r^2 F} = \sqrt{(4\pi)^2 \times 10^{-7} \times 0.05^2 \times 1} = 1.99 \times 10^{-4} \, [\text{Wb}]$$

磁荷 q_m のつくる磁界の強さ $\boldsymbol{H}$ は，前述の式(6.60)をベクトル形式で示すと

$$\boldsymbol{H}(\boldsymbol{r}) = \frac{q_m}{4\pi\mu_0}\frac{\boldsymbol{r}}{r^3} \tag{6.63}$$

で与えられる．ここで，$\boldsymbol{r}$ は磁荷 q_m から観測点 $P(\boldsymbol{r})$ に引いた位置ベクトルである．これと既出の電界ベクトル $\boldsymbol{E}$ の式(2.14)

$$\boldsymbol{E}(\boldsymbol{r}) = \frac{q}{4\pi\varepsilon_0}\frac{\boldsymbol{r}}{r^3} \tag{6.64}$$

を比較すると，まったく同じ形をしていることがわかる．したがって，静電界の場合と同様に，磁界の s 方向成分は

$$H_s = -\frac{d\phi_m(\boldsymbol{r})}{ds} \tag{6.65}$$

$$\phi_m(\boldsymbol{r}) = \frac{q_m}{4\pi\mu_0}\frac{1}{|\boldsymbol{r}|} \tag{6.66}$$

と書くことができる．この ϕ_m を磁位 (magnetic potential) という．

ところで，前述のアンペールの法則，式(6.15)において，$\boldsymbol{B} = \mu_0 \boldsymbol{H}$ とおけば

$$\int_{C_0} \boldsymbol{H}\cdot d\boldsymbol{s} = I \tag{6.67}$$

すなわち，一般に右辺は 0 ではない．これに対して，静電界の場合には，一般に

$$\int_{C_0} \boldsymbol{E}\cdot d\boldsymbol{s} = 0 \tag{6.68}$$

であったので，ポテンシャルすなわち電位なるものが存在した．ところが，磁界では常にはこれが成立しないから，一般には $\boldsymbol{H}$ を磁位 ϕ_m で表すことはできないことになる．もっとも，磁石を構成する分子電流を正負の磁荷からなる磁気双極子にすりかえてしまって，電流はない ($I = 0$) とすれば

$$\int_{C_0} \boldsymbol{H}\cdot d\boldsymbol{s} = 0 \tag{6.69}$$

が成立して磁位が存在することになる．しかし，磁気双極子へのすりかえができないような電流がある場合には，磁位 ϕ_m を定義することはできない．すなわち，磁位というものは電位とは異なり，限られた条件以外には存在し得ないのである．

複数の小磁石のつくる合成磁界を求めるには，静電界の場合と同様に，重ね合わせの原理を用いる．小磁石 m_1, m_2 のそれぞれによるある点の磁界の強さを $\boldsymbol{H}^{(1)}$, $\boldsymbol{H}^{(2)}$ とすると，それらの合成磁界の強さ $\boldsymbol{H}$ は

$$\boldsymbol{H} = \boldsymbol{H}^{(1)} + \boldsymbol{H}^{(2)} \tag{6.70}$$

第6章 電流と磁界

であり，その点にある磁荷 q_m には

$$F = q_m H \tag{6.71}$$

の力が働く．

次に，磁気双極子モーメントとして

$$m = q_m s \tag{6.72}$$

を持つような小磁石のつくり出す磁位を求めるには，上の磁位 ϕ_m の式を用い，前に述べた電気双極子の時とまったく同じ計算をくり返せばよい．その結果は

$$\phi_m(r) = \frac{1}{4\pi\mu_0}\frac{m\cos\theta}{r^2} \tag{6.73}$$

ここで，図 6.18 に示すように，r は磁石の中心から観測点 P に引いた位置ベクトル，θ は m と r の間の角である．この ϕ_m を微分すると，磁界の強さの r 方向成分および θ 方向成分は，それぞれ

$$H_r = -\frac{\partial \phi_m}{\partial r} = \frac{1}{4\pi\mu_0}\frac{2m\cos\theta}{r^3} \tag{6.74}$$

$$H_\theta = -\frac{1}{r}\frac{\partial \phi_m}{\partial \theta} = \frac{1}{4\pi\mu_0}\frac{m\sin\theta}{r^3} \tag{6.75}$$

で与えられる．

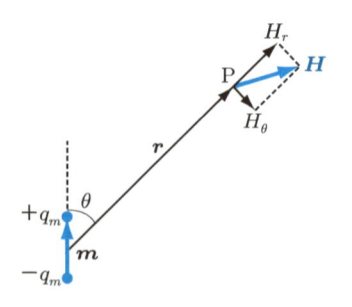

図 6.18 磁気双極子のつくる磁界

6.7 磁性体

　ソレノイド内部に鉄を詰めると，その中に生じる磁束密度は，内部が真空の場合に比べて約1万倍も大きくなる．この現象は，鉄の分子の分子電流による効果によって説明できる．コイルに電流を流さないときには，鉄の内部の分子電流は，それぞれ勝手な方向を向いていて，分子電流の平均値は0になっている．コイルに電流 I_e を流すと，鉄の分子電流の方向が揃うようになる．この分子電流は，内部では打ち消し合ってしまい，全体としては表面の分子電流だけが有効に働く．この表面に現れる平均の分子電流を磁化電流（magnetization current）I_m という．一方，コイルに流した電流 I_e を伝導電流（conduction current）という．

　すなわち，磁化電流 I_m のつくる磁界が，コイルに流した伝導電流 I_e のつくる磁界に重なってくる．両者の磁界は同じ方向であるので，ソレノイドの内部では磁束密度が増大するのである．このとき，ソレノイドの中心軸の円周を閉曲線 C_0 と考えると，アンペールの法則より

$$\int_{C_0} \boldsymbol{B} \cdot d\boldsymbol{s} = \mu_0 (I_e + I_m) \qquad (6.76)$$

　なお，この磁化電流 I_m は，静電分極の分極電荷と同じく，原子や分子に束縛された電流であって，外に取り出すことはできない．

　ここで，全磁束密度のうち，この磁化電流 I_m のつくる分を $\boldsymbol{J}_m$ と書き，これを磁化ベクトル（magnetization vector）という．磁化ベクトル $\boldsymbol{J}_m$ の方向は前述のように，伝導電流 I_e のつくる磁界と同じ向きである．そして，この磁化ベクトル $\boldsymbol{J}_m$ もアンペールの法則より

$$\int_{C_0} \boldsymbol{J}_m \cdot d\boldsymbol{s} = \mu_0 I_m \qquad (6.77)$$

の関係を満たしている．磁化ベクトル $\boldsymbol{J}_m$ は，分子電流のつくる微小な磁気双極子モーメント $\boldsymbol{m}$ の巨視的な平均値にほかならない．そして，このように外部から磁界をかけたとき，その物質の内部に磁化を生じるような物質を磁性体

(magnetic substance) という．

次に，磁性体中の静磁界の基本法則を求めてみよう．まずはじめに，アンペールの法則からみてみよう．式(6.77)を式(6.76)に代入すると

$$\int_{C_0} \bm{B} \cdot d\bm{s} = \mu_0 I_e + \int_{C_0} \bm{J}_m \cdot d\bm{s} \tag{6.78}$$

となり，移項すると

$$\int_{C_0} (\bm{B} - \bm{J}_m) \cdot d\bm{s} = \mu_0 I_e \tag{6.79}$$

すなわち，伝導電流 I_e のつくる磁界は $\bm{B}$ から $\bm{J}_m$ を引いたものである．ここで

$$\bm{B} = \mu_0 \bm{H} + \bm{J}_m \tag{6.80}$$

として，磁界の強さ $\bm{H}$ という量を導入する．そうすると，式(6.79)は

$$\int_{C_0} \bm{H} \cdot d\bm{s} = I_e \tag{6.81}$$

となり，これは先に真空中で得られた式

$$\int_{C_0} \bm{H} \cdot d\bm{s} = I \tag{6.82}$$

とまったく同じ形となる．つまり，式(6.81)は真空中でも磁性体中でも成立するのである．

一方，磁気に関するガウスの法則は

$$\int_{S_0} B_n dS = 0 \tag{6.83}$$

であるが，これは磁性体の中でもそのまま成立する．なぜならば，磁性体の中

6.7 磁性体

でも磁束密度 B の磁束線は，常に閉曲線をつくっているからである．

以上をまとめると，磁性体の中の磁界を規定する基本法則は，ガウスの法則（式(6.83)）およびアンペールの法則（式(6.81)）である．ただし，B, H および J_m の間には式(6.80)の関係がある．式(6.80)において，真空中では $J_m = 0$ であるから，式(6.83)および式(6.81)は真空中でも磁性体中でも成立する基本法則である．

ここで，磁界の強さ H の単位について考えてみよう．式(6.81)のアンペールの法則からも明らかなように，H の単位は [A/m] とも表すことができる．たとえば，この式を直線電流 I_e の周りの半径 R の円周上に適用すると

$$H(R) = \frac{I_e}{2\pi R} \tag{6.84}$$

したがって，1 [A] の直線電流が距離 1 [m] のところにつくる磁界の強さは $1/(2\pi) = 0.16$ [A/m] である．また，H の積分である磁位 ϕ_m の単位は [A] である．

磁性体にはさまざまな種類がある．以下，それらについて簡単に説明する．

伝導電流 I_e によって，磁性体内部につくられる磁化ベクトル J_m は，多くの場合，I_e のつくる磁界の強さ H に比例し

$$J_m = \chi_m H \tag{6.85}$$

となることがわかっている．ここで，χ_m を磁化率（magnetic susceptibility）と呼ぶ．この式は電気分極における

$$P = \chi E \tag{6.86}$$

に対応する．式(6.80)に式(6.85)を代入すると

$$B = \mu_0 H + \chi_m H = \mu H \tag{6.87}$$

となり，この比例定数 μ のことを，その物質の**透磁率** (permeability) と呼ぶ．式 (6.85) の χ_m によって，磁性体は以下のように分類できる．

(a) **常磁性体** (paramagnetic substance)

常磁性体においては，χ_m は μ_0 に比べて小さい．このため，磁化 $\boldsymbol{J}_m$ はほとんどないといってよい．アルミニウム ($\chi_m/\mu_0 = 2 \times 10^{-5}$)，クロムなどの多くの金属は常磁性体である．

(b) **反磁性体** (diamagnetic substance)

反磁性体においては，$\chi_m < 0$ である．銅などがその例で，$\chi_m/\mu_0 = -0.98 \times 10^{-5}$ である．χ_m の値としてはあまり大きくなく，常磁性体の 10 分の 1 程度である．

(c) **強磁性体** (ferromagnetic substance)

χ_m が正で μ_0 に比してかなり大きな値を持つ物質が強磁性体である．軟鉄などは $\chi_m/\mu_0 = 1.3 \times 10^4$ にもなり，非常に大きく磁化される．代表的な強磁性体は，鉄，コバルト，ニッケルである．

強磁性体の大きな特徴は，外部磁界がなくても磁気分極していることである．磁化の様子は**図 6.19** に示すようになる．この図を **B-H 曲線**または**磁化曲線**と呼ぶ．強磁性体の磁化は磁界の強さを決めただけでは一通りには決まらず，

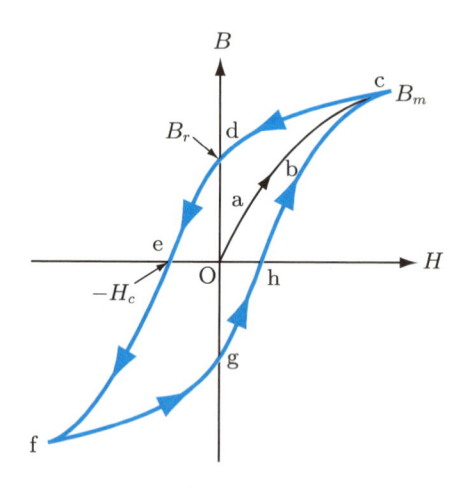

図 6.19　強磁性体の B-H 曲線

それまでに加えた磁界の履歴に左右される．このような現象を履歴現象またはヒステリシス（hysteresis）という．

磁化していない状態から H を増やしていくと，磁区の壁（磁壁）が移動して外部磁界と同じ向きを持った磁区の体積が増えてくる．さらに H を増大させると大部分の磁区の向きが揃ってしまって，B は飽和に達する．これを飽和磁束密度（B_m）という．

次に，H を減らして 0 にもっていってもある程度の磁化が残る．これを残留磁束密度（B_r）という．これは，磁壁を元のように移動させるには何がしかの仕事が必要だからである．この状態が永久磁石である．

磁界を逆方向に加えていくと，図の e 点でやっと B は 0 になる．このときの磁界の強さを保磁力（H_c）という．さらに逆磁界が強くなると f 点で最初と逆向きの飽和磁束に達する．こうして，強磁性体においては，B-H 曲線はヒステリシス・ループを描くのである．

このような特性を持つため，強磁性体は永久磁石または変圧器の芯としてさまざまな分野において利用されている．

演習問題 6

1. 電磁偏向について，図 6.20 を参照しながら以下の問に答えよ．
   ① 電圧 V で加速した電子を磁束密度 B の一様な偏向磁界の中に入射させたとき，出口から L だけ離れた蛍光スクリーンの上の偏向距離 D を求めよ．偏向磁界の長さは b とし，その出入口における磁界の乱れはないものとする．

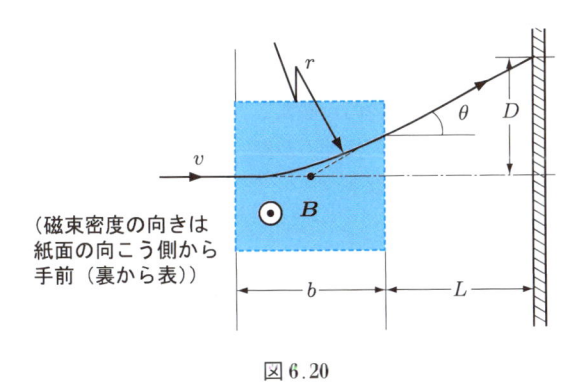

図 6.20

② $V = 10$ [kV]，$B = 2 \times 10^{-3}$ [T]，$b = 3$ [cm]，$L = 25$ [cm] とすれば，偏向距離 D はいくらになるか．

2. 電子銃から発射される電子ビームは，はじめにある広がりを持つ．しかし，軸方向に平行で一様な磁界をかけると，電子ビームを収束することが可能となる．これを磁気集束という．図 6.21 において，電子銃から電圧 V で加速された電子ビーム（エネルギーは V [eV]）をこの磁界に入射させる．電子銃を出るとき，軸に垂直な方向のエネルギーの最大値を V_{0v} [eV] とする．
  ① 電子ビームは最大どのくらいの太さにまでなるか．
  ② 電子ビームの集束する管軸方向の最小距離はいくらか．
  ③ $V = 300$ [V]，$V_{0v} = 1.0$ [V]，$B = 4.0 \times 10^{-3}$ [T] として，①，②の値を求めよ．

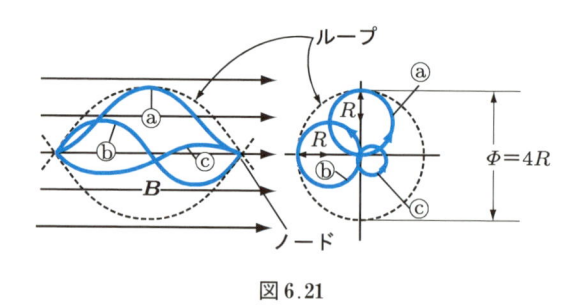

図 6.21

3. ① 電流 10 [A] の流れている直線導体から，$R = 10$ [cm] 離れた点の磁束密度はいくらか．
  ② 磁界の強さはいくらか．
  ③ この直線導体の周りに，2.0×10^{-4} [Wb] の磁荷を 1 回転させたときの仕事量はいくらか．

4. 真空中で 6×10^{-4} [Wb] の S 極の点磁極と，ほかにもう一つ 4×10^{-4} [Wb] の点磁極があり，両者間に 0.5 [N] の反発力が働いている．
  ① 2 番目の点磁極は S 極か N 極か？
  ② 両磁極間の距離を求めよ．

5. 半径 a の無限長の円柱の中を，一様な密度で電流（総量 I）が流れているとする．円柱の中心を原点とし，円柱の軸に対して垂直方向の距離を R とする．円柱の内部は透磁率 μ の磁性体が詰まっており，外部は真空とする．このとき，磁界の強さ $H(R)$，および磁束密度 $B(R)$ を求めよ．

7 電磁誘導

　これまでは，時間的に変化しない静電界および静磁界について考えてきた．本章以降では，電界，磁界が時間的に変化する話を順次展開していきたい．それによって，両者が互いに表裏をなすことがはっきりしてくる．

7.1 静電磁界から動電磁界へ

　これまでに，静電界と静磁界について一通りのことを学んできた．6.2節 静磁界の法則において，静電界での法則と，静磁界での法則との関係を振り返り，表6.1のようにまとめた．ここで，電束密度 D，磁界の強さ H をこれに加え，ベクトルで書き換えると表7.1のようになる．

表7.1　静電界および静磁界における基本法則の比較

	閉曲面 S_0 で面積分	閉曲線 C_0 で周回積分
静電界	$\int_{S_0} \boldsymbol{D} \cdot \boldsymbol{n} dS = Q$ (7.1) ガウスの法則 閉曲面内の全電荷量により電束密度が決まる	$\int_{C_0} \boldsymbol{E} \cdot d\boldsymbol{s} = 0$ (7.2) 特に名前はない 電位の存在を示す
静磁界	$\int_{S_0} \boldsymbol{B} \cdot \boldsymbol{n} dS = 0$ (7.3) ガウスの法則 磁束線は必ず閉曲線をなす	$\int_{C_0} \boldsymbol{H} \cdot d\boldsymbol{s} = I$ (7.4) アンペールの法則 電流による磁気作用を示す

　また，すでに述べたように，ベクトルの発散 div を用いてガウスの法則を微分形式で表すと，静電界については

$$\operatorname{div} \boldsymbol{D} = \rho \tag{7.5}$$

また，静磁界については

$$\operatorname{div} \boldsymbol{B} = 0 \tag{7.6}$$

とも表現できる．

　これらの基本法則について，時間的な変化がある場合にはどのようになるか，すなわち一般化についてこれから少し考えていきたい．

　ガウスの法則については次のようにして，ほとんど自明であろう．まず，電界についてのガウスの法則について考える．閉曲面 S_0 内の電荷 Q が時間的に変化すれば，それに伴い式(7.1)の左辺の電束密度 $\boldsymbol{D}$ もまた変動するであろう．したがって

$$\int_{S_0} \boldsymbol{D}(t) \cdot \boldsymbol{n} ds = Q(t) \tag{7.7}$$

が成立すると考えられる．また，磁界については，磁束密度のつくる磁束線が常に閉曲線をつくり，その発生源となる磁荷が実在しないという事実は，磁界が時間的に変動する場合にも正しいと考えられる．したがって，式(7.3)は

$$\int_{S_0} \boldsymbol{B}(t) \cdot \boldsymbol{n} ds = 0 \tag{7.8}$$

のようになり，いずれもガウスの法則を一般化できるのである．

　ほかの二つの法則（式(7.2)，(7.4)）については，おいおいとその一般化について考えていくことにしよう．この過程で，電界と磁界との表裏一体的な相互関係が理解できるようになるのである．

7.2　ファラデーの電磁誘導の法則

　1820年のエルステッドの発見によって，電流が磁界をつくることを知ったファラデーは，それならば逆に磁界から電流をつくることができるのではないかと考えて実験を始めた．そして，彼がいわゆる電磁誘導現象の発見に成功したのは1831年8月29日のことであった．ドーナツ形の鉄に，2組のコイルを巻き付け，第1のコイルに電流を流せばそこに磁界が発生するが，その磁界によって，第2のコイルに電流が誘起されるかどうかを調べたのである．その結

7.2 ファラデーの電磁誘導の法則

果,第1のコイルの電流のスイッチをオン・オフする瞬間だけ,第2のコイルに電流が流れるのを見い出した.また,鉄心にコイルを巻き,それに永久磁石の棒を近づけたり遠ざけたりすると電流が流れることを発見した.

彼のこうした実験の結果をまとめると,第2のコイルに電流が流れるのは
① 第1のコイルの電流の強さを変化させたとき.
② 第1のコイルに流れる電流を一定に保ち,第2のコイルを動かしたとき.
③ 第1のコイルのかわりに,近くにおいた磁石を動かしたとき.

の場合であった.これをさらにまとめると,コイルに発生する**起電力** ϕ^{em} は,そのコイルを貫く磁束 Φ の時間的変化の割合に比例する.この関係を**ファラデーの電磁誘導の法則**と呼ぶ.

また,コイルに発生する**電流の方向**は,外部から与えられた磁束の変化を妨げる方向である.図7.1に示すように,コイル C_0 を貫く磁束が増加する場合には,これを打ち消すために,コイルには図の方向に電流が流れる.すなわち,あたかも変化がないようにありたいという方向,変化を打ち消そうとする方向に起電力が発生する.これを**レンツの法則**と呼ぶ.

ファラデーの電磁誘導の法則の事実を,数式で表現したのはノイマンである.k を比例定数とすると,第2のコイル C_0 に発生する起電力 ϕ^{em} は

$$\phi^{em} = -k\frac{d\Phi}{dt} \tag{7.9}$$

と表される.ここで,起電力 ϕ^{em}(単位は [V])というものが,回路 C_0 の持

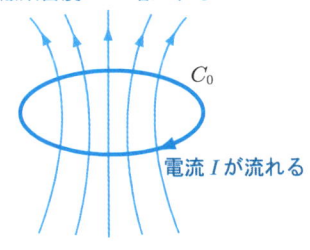

図7.1 電磁誘導

つ抵抗に逆らって電流を流すのである．電池や発電機の場合は，起電力というものは回路のある特定の部分に局在しているが，ここでは回路 C_0 の全体にわたり起電力が分布していると考えるのである．そして，起電力がコイル C_0 を貫く磁束 $\varPhi$ の時間的変化の割合に比例するというのである．この式の右辺のマイナスの記号は，レンツの法則を反映したものである．なお，回路 C_0 を流れる電流の向きは反時計回りを正としている．

ここで，磁束 $\varPhi$ は

$$\varPhi = \int_S B_n dS \tag{7.10}$$

であって，コイル C_0 で囲まれた任意の曲面 S の全面積において，磁束密度の法線成分を積分したものである．その単位は，この式からもわかるように $[\mathrm{Wb}] = [\mathrm{T \cdot m^2}]$ である．こうすると，比例定数 k は無次元の数であり，後でこれは 1 に等しくなることがわかる．

さて，回路 C_0 の中に電流が発生するということは，その回路の中に電界が誘起され，それで C_0 の中の荷電粒子（電子）が動かされるものと考えてよい．ここで，起電力というのは，単位の電荷になす仕事量として定義される．そこで，できた電界 $\boldsymbol{E}$ が回路 C_0 の一周にわたり，単位の電荷になす仕事は

$$\int_{C_0} \boldsymbol{E} \cdot d\boldsymbol{s} \tag{7.11}$$

であるから

$$\phi^{em} = \int_{C_0} \boldsymbol{E} \cdot d\boldsymbol{s} \tag{7.12}$$

と表される．この積分は，回路 C_0 を反時計回りにとるものとする．ここで，式(7.12)，(7.10)を式(7.9)へ代入すると

$$\int_{C_0} \boldsymbol{E} \cdot d\boldsymbol{s} = -\int_S \frac{\partial B_n}{\partial t} dS \tag{7.13}$$

7.2 ファラデーの電磁誘導の法則

ここで，比例定数 $k=1$ としてある．ファラデーは，さらに，C_0 をコイルの導線のつくる閉回路にとらわれず，空間内に想定した任意の閉曲線とし，右辺の S はこれによって囲まれる任意の曲面であってもよいとしたのである．このように，一般化した式 (7.13) を先のファラデーの電磁誘導の式 (7.9) とは別に，改めて**ファラデーの法則**と呼ぶことにする．さらに，曲面 S の法線ベクトルを $\boldsymbol{n}$ とすれば，$B_n = \boldsymbol{B} \cdot \boldsymbol{n}$ となるから，この式をベクトル表示すると次のようになる．

$$\int_{C_0} \boldsymbol{E} \cdot d\boldsymbol{s} = -\int_S \frac{\partial \boldsymbol{B}}{\partial t} \cdot \boldsymbol{n} dS \tag{7.14}$$

この式が，静電界における式 (7.2) を時間的に変動する電界に対して一般化した法則である．

静電界の場合には，上式の右辺は 0 となり，電位 V が一義的に存在し

$$E_s = -\frac{dV}{ds} \tag{7.15}$$

と表すことができたのであるが，電磁界が時間的に変動するときは，それが式 (7.14) のように必ずしも 0 ではなくなるから，静電ポテンシャルのようなものは存在しないことになる．

例題 7-1 面積 $S = 40\,[\text{cm}^2]$ のコイルを貫く磁束密度 B が，$\varDelta t = 3\,[\text{ms}]$ の間に，0 から $\varDelta B = 0.015\,[\text{T}]$ まで増加した．誘導起電力の平均値を求めよ．

解答 式 (7.9) より
$$\phi^{em} = -\frac{\varDelta \varPhi}{\varDelta t} = -\frac{S \varDelta B}{\varDelta t} = \frac{40 \times 10^{-4} \times 0.015}{3 \times 10^{-3}} = 0.02\,[\text{V}]$$

積分形式で書かれたファラデーの法則，式 (7.14) の左辺は，**ストークスの定理**によって，次のように線積分を面積分に変えることができる．

第7章 電磁誘導

$$\int_{C_0} \boldsymbol{E} \cdot d\boldsymbol{s} = \int_{S} \operatorname{rot} \boldsymbol{E} \cdot \boldsymbol{n} dS \tag{7.16}$$

ここで，S は閉曲線 C_0 を周辺とする曲面である．また，rot はベクトルの回転（rotation または curl）といい，次のように定義される．

$$\operatorname{rot} \boldsymbol{E} = \nabla \times \boldsymbol{E} = \begin{vmatrix} \boldsymbol{i} & \boldsymbol{j} & \boldsymbol{k} \\ \frac{\partial}{\partial x} & \frac{\partial}{\partial y} & \frac{\partial}{\partial z} \\ E_x & E_y & E_z \end{vmatrix} \tag{7.17}$$

$$= \left(\frac{\partial E_z}{\partial y} - \frac{\partial E_y}{\partial z}\right)\boldsymbol{i} + \left(\frac{\partial E_x}{\partial z} - \frac{\partial E_z}{\partial x}\right)\boldsymbol{j} + \left(\frac{\partial E_y}{\partial x} - \frac{\partial E_x}{\partial y}\right)\boldsymbol{k}$$

そこで，式(7.16)を式(7.14)に代入すると

$$\int_{S} \operatorname{rot} \boldsymbol{E} \cdot \boldsymbol{n} dS = -\int_{S} \frac{\partial \boldsymbol{B}}{\partial t} \cdot \boldsymbol{n} dS \tag{7.18}$$

のように，両辺がともに面積分となる．そこで，移項すると

$$\int_{S} \left(\operatorname{rot} \boldsymbol{E} + \frac{\partial \boldsymbol{B}}{\partial t}\right) \cdot \boldsymbol{n} dS = 0 \tag{7.19}$$

曲面 S は任意にとり得るから，被積分関数は0となる．すなわち

$$\left(\operatorname{rot} \boldsymbol{E} + \frac{\partial \boldsymbol{B}}{\partial t}\right) \cdot \boldsymbol{n} = 0 \tag{7.20}$$

となるが，上式が $\boldsymbol{n}$ のいかんに関わらず成り立つためには

$$\operatorname{rot} \boldsymbol{E} = -\frac{\partial \boldsymbol{B}}{\partial t} \quad \text{または} \quad \nabla \times \boldsymbol{E} = -\frac{\partial \boldsymbol{B}}{\partial t} \tag{7.21}$$

が成立しなければならない．式(7.21)を，微分形式のファラデーの法則という．

7.3 運動する回路内に発生する起電力

ファラデーの電磁誘導の法則により，コイルの面積 S が時間とともに変化すると，コイルには起電力が発生する．図7.2 のような長方形の回路が，一様な磁束密度 B の磁界の中にあるとしよう．回路を貫く磁束 Φ は，回路の面積を S とすると，$\Phi = BS$ である．いま，回路の一部 AB を，一定の速さ v で図の矢印の方向に動かしたとする．このとき回路の面積 S の変化は

$$dS = bvdt \tag{7.22}$$

これを電磁誘導の式(7.9)へ代入すると

$$\phi^{em} = -k\frac{d\Phi}{dt} = -k\frac{d(BS)}{dt} = -k\frac{BdS}{dt} = -kBbv \tag{7.23}$$

が得られる．なお，この起電力によって回路には電流 I が発生し，その大きさは，回路の全抵抗を R とすると

$$I = \frac{\phi^{em}}{R} = -k\frac{Bbv}{R} \tag{7.24}$$

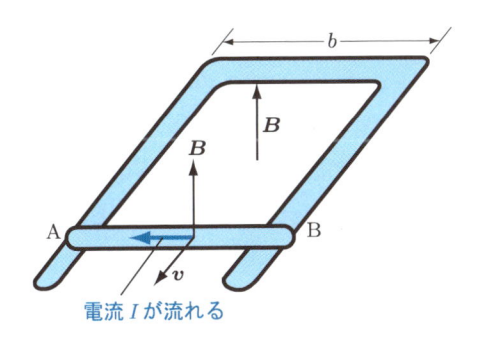

で与えられる．右辺のマイナス記号は，図7.2に示すように，電流が時計回りに流れることを示している．ここで，電流の流れる方向は，磁束密度 B と導線の速度 v の両者に垂直で，v から B に右ねじを回した時に進む向きである．このとき，右手の親指，人差し指，中指をそれぞれ v, B, I に対応させることができる．これをフレミングの右手の法則と呼ぶ．しかし，以前に出てきたフレミングの左手の法則と混同しやすいため，起電力の方向は $v \times B$ であると，ベクトル積で覚えておく方がよい．

図7.2 導線の運動による起電力

第7章 電磁誘導

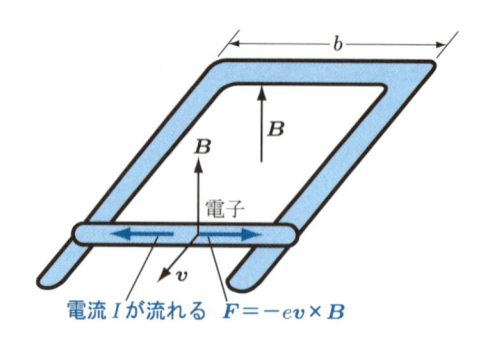

図7.3 導線内の自由電子に作用するローレンツ力

さて，この導線の動きによって生じる起電力の原因を考えてみよう．**図7.3**のように，導線の内部に電流のキャリアとして存在する自由電子の挙動を考える．導線中の電子の電荷を $-e(<0)$ とする．導線の移動により，この粒子も一定の速度 v で図の手前方向に運動する．そうすると，この粒子はローレンツ力 $F = -evB$ を受ける．このとき，電子の電荷は負であるから，電流は左方向に流れる．この力によって粒子が距離 b だけ運動するとき，粒子になされる仕事量 W は $(-evB)(-b) = evBb$ である．したがって，単位の電荷になす仕事である起電力 ϕ^{em} は

$$\phi^{em} = \frac{W}{-e} = \frac{evBb}{-e} = -Bbv \tag{7.25}$$

式(7.23)と式(7.25)は一致している．さらに，このことから，式(7.23)の係数 k は1であることが結論される．すなわち，ファラデーの電磁誘導の法則のうち，コイルの面積の変化に伴う起電力発生の原因は，ローレンツ力 $F = qv \times B$ である．ということは，このような場合に関しては，ファラデーの法則を持ち出さなくてもローレンツ力という概念がありさえすればよいのである．しかし，磁束密度の時間的な変化がある場合の起電力については，ローレンツ力では説明できず，ファラデーの法則は新しい概念であるというべきである．

次に，発電機の原理について考える．**図7.4**のように一様かつ時間的に変化しない磁界の中で，コイルを角速度 ω で回転させる（実際は，水力や蒸気力

7.3 運動する回路内に発生する起電力

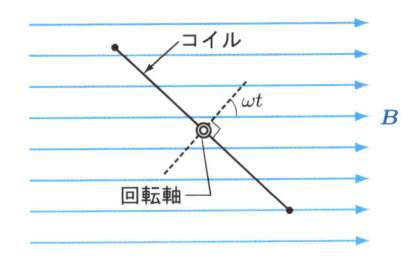

図 7.4 発電機の原理

などでタービンを回し，コイルを回転させる）．この時，コイルによって切られる磁束 Φ は，コイルの面積を S として

$$\Phi = BS \cos \omega t \tag{7.26}$$

で与えられる．したがって，式 (7.9) からコイル内に発生する起電力は

$$\phi^{em} = -\frac{d\Phi}{dt} = BS\omega \sin \omega t \tag{7.27}$$

よって，コイルの電気抵抗を R とすれば，コイル内に流れる電流 I は

$$I = \frac{\phi^{em}}{R} = \frac{BS\omega}{R} \sin \omega t \tag{7.28}$$

これが発電機の原理であり，交流電力はこのようにしてつくられるのである．

例題 7-2 ① 全巻数 N，断面積 S のコイルを磁束密度 B の磁界の中で，磁界に垂直な軸の周りに毎秒 f 回転するとき，コイルの両端に現れる電圧を求めよ．

② $N = 1000$ [巻]，$S = 6.0 \times 10^{-3}$ [m²]，$B = 0.5$ [T]，$\nu = 25$ [回転/s] とするとき，コイルの両端に現れる電圧を求めよ．

解答 ① コイル面の法線と磁界ベクトルの間の角を $\theta (= \omega t)$ とする．巻数が 1 回の場合はコイルを通る磁束は

$$\Phi_1 = BS \cos \omega t$$

であるが，コイルが N 巻であれば，コイル全体では実質的にはこの N 倍の磁

束が通ることになる．よって

$$\Phi_N = NBS \cos \omega t$$

このとき発生する起電力は

$$\phi^{em} = -\frac{d\Phi_N}{dt} = NBS\omega \sin \omega t$$

② $N = 1000$, $B = 0.5\,[\mathrm{T}]$, $S = 6.0 \times 10^{-3}\,[\mathrm{m}^2]$, $\nu = 25\,[\text{回転/s}]$ を代入すると，$\omega = 2\pi\nu$ であるから

$$\begin{aligned}\phi^{em} &= 1000 \times 0.5 \times 6.0 \times 10^{-3} \times 2\pi \times 25 \times \sin(2\pi \times (25t)) \\ &= 471 \sin(2\pi \times 25t)\end{aligned}$$

すなわち，ピーク電圧が $471\,[\mathrm{V}]$ で $25\,[\mathrm{Hz}]$ の交流電圧が発生する．

7.4 インダクタンス

図 7.5 のように，二つのコイルが空間に固定されていて，コイル C_1 に電流 I_1 を流すと，その周りの空間には磁界が発生し，その磁界の一部はコイル C_2 を貫通する．このとき，コイル C_2 を貫く磁束 Φ_2 は電流 I_1 に比例する．すなわち

$$\Phi_2 = M_{21} I_1 \tag{7.29}$$

と表される．ここで，係数 M_{21} を**相互インダクタンス**（mutual inductance）と呼ぶ．この値は，二つのコイルの幾何学的な配置で決まる．

コイル C_1 の電流 I_1 が変化すれば，式(7.29)に従って Φ_2 が変化する．そ

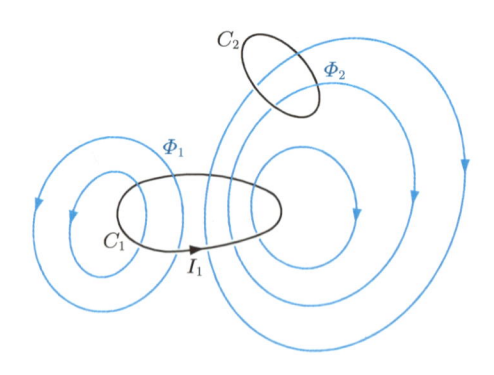

図7.5 相互誘導と自己誘導

7.4 インダクタンス

れにつれてコイル C_2 に起電力 ϕ^{em2} が誘導されるが，それはファラデーの法則によって

$$\phi^{em2} = -\frac{d\Phi_2}{dt} = -M_{21}\frac{dI_1}{dt} \qquad (7.30)$$

で与えられる．この起電力の発生を，特に**相互誘導**（mutual induction）という．図を見ると，I_1 がつくる磁束線は当然ながらコイル C_1 自身をも貫いている．その磁束も電流 I_1 に比例しているのだから

$$\Phi_1 = L_1 I_1 \qquad (7.31)$$

のように表される．この比例係数 L_1 を**自己インダクタンス**（self inductance）あるいは省略して単に**インダクタンス**（inductance）と呼ぶ．L_1 の値は，コイル C_1 の形状によって決まる．

いったん磁束線がつくられてしまったとすると，それはほかのコイルによる磁束線なのか，自己コイル電流による磁束線なのかの区別はない．そこで，コイル C_1 には

$$\phi^{em1} = -\frac{d\Phi_1}{dt} = -L_1\frac{dI_1}{dt} \qquad (7.32)$$

という起電力も発生すると考えられなければならない．この起電力はヘンリーによって最初に観測されたのである．これを**自己誘導**（self induction）という．

コイル C_1 に電流 I_1，コイル C_2 に電流 I_2 が流れている場合には，磁束 Φ_1 と Φ_2 は，それぞれ

$$\Phi_1 = L_1 I_1 + M_{12} I_2 \qquad (7.33)$$
$$\Phi_2 = M_{21} I_1 + L_2 I_2 \qquad (7.34)$$

ここで，M_{12} はコイル C_2 からコイル C_1 への相互インダクタンス，L_2 はコイル C_2 の自己インダクタンスである．これらのインダクタンスの間には

第7章 電磁誘導

$$M_{12} = M_{21} \tag{7.35}$$
$$L_1 L_2 \geq M_{12}^2 \tag{7.36}$$

という関係が成立する．インダクタンスの単位は，回路内の電流の強さが毎秒 1 [A] 変化することによって，その回路またはもうひとつの回路に 1 [V] の起電力を生じるときの単位長さあたりの自己インダクタンスまたは相互インダクタンスは 1 [H（ヘンリー）] であるとして決める．すなわち

$$1\,[\mathrm{H}] = \frac{1\,[\mathrm{V}]}{1\,[\mathrm{A/s}]} = 1\left[\frac{\mathrm{N\cdot m}}{\mathrm{A}^2}\right] \tag{7.37}$$

例題 7-3 ① 半径 a [m]，単位長さあたりの巻数 n [回/m] の無限長空心円筒ソレノイドの単位長さあたりの自己インダクタンスを求めよ．

② $a = 5$ [mm]，$n = 3 \times 10^4$ [回/m] とし，また内部は空心ではなく，透磁率 $\mu = 3.5 \times 10^3 \mu_0$ の磁性体がつまっている場合の単位長さあたりの自己インダクタンスを求めよ．

解答 ① 十分に長いソレノイドの内部の磁束密度 B は，ソレノイドに流す電流を I とすると

$$B = \mu_0 n I$$

よって，磁束 Φ は

$$\Phi = BS = \mu_0 n I \pi a^2$$

となるから，この Φ の変化によって，1巻きのコイルで発生する起電力 ϕ_1^{em} は

$$\phi_1^{em} = -\frac{d\Phi}{dt} = -\pi\mu_0 n a^2 \frac{dI}{dt}$$

これが単位長さあたりに n 巻きあるから，起電力 ϕ_n^{em} は

$$\phi_n^{em} = -\pi\mu_0 n^2 a^2 \frac{dI}{dt}$$

となるが，これは

$$\phi_n^{em} = -L\frac{dI}{dt}$$

のように書けるので，L は

$$L = \pi\mu_0 n^2 a^2 \,[\mathrm{H/m}]$$

となる．もし，磁性体（透磁率：μ）があれば，μ_0 を μ で置き換えればよい．

② $a = 5[\text{mm}]$，$n = 3 \times 10^4 \, [\text{回/m}]$，$\mu = 3.5 \times 10^3 \mu_0$ とすれば
$$L = \pi \times 3.5 \times 10^3 \times 4\pi \times 10^{-7} \times (3 \times 10^4)^2 \times (5 \times 10^{-3})^2$$
$$= 3.1 \times 10^2 \, [\text{H/m}]$$

7.5 過渡現象

図 7.6 に示すように，一定の起電力 ϕ^{ex} の電池に抵抗 R，自己インダクタンス L のコイルを直列に配線し，時刻 $t = 0$ にスイッチ S を閉じたときの電流 $I(t)$ の変化を調べてみる．回路内の起電力は，電池の起電力 ϕ^{ex} と自己誘導現象によって生じる逆起電力 $-LdI/dt$ の二つである．よって

$$\text{回路内の全起電力} = \phi^{ex} - L\frac{dI}{dt} \tag{7.38}$$

一方，回路内の電圧降下は，抵抗の部分で

$$\text{電圧降下} = RI \tag{7.39}$$

これらは互いに等しいから

$$RI = \phi^{ex} - L\frac{dI}{dt} \tag{7.40}$$

これを書き換えると

$$L\frac{dI}{dt} + RI = \phi^{ex} \tag{7.41}$$

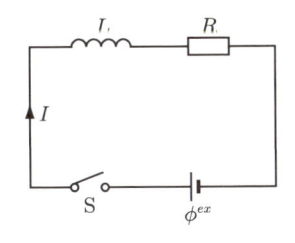

図 7.6　LR 回路

第7章 電磁誘導

これが回路を流れる電流を決定する方程式である．この微分方程式の一般解は，C を積分定数とすると

$$I(t) = \frac{\phi^{ex}}{R} + C \exp\left(-\frac{t}{\tau}\right) \tag{7.42}$$

ここで

$$\tau = \frac{L}{R} \tag{7.43}$$

で，これを**時定数**と呼ぶ．初期条件として $t=0$ で $I(0) = 0$ とすれば

$$C = -\frac{\phi^{ex}}{R} \tag{7.44}$$

となるから

$$I(t) = \frac{\phi^{ex}}{R}\left[1 - \exp\left(-\frac{t}{\tau}\right)\right] \tag{7.45}$$

これを図示すると，**図7.7**のようになる．スイッチを入れた瞬間には電流は急には大きくならず，0から次第に大きくなり，しばらくたって定常値である ϕ^{ex}/R に達する．これは，コイルの逆起電力があるために，電流の強さの急激な変化が起こらないように押さえ込まれているからである．

時定数 τ に比べて十分少ない時間 $t(\ll \tau)$ で考えてみると，近似的に

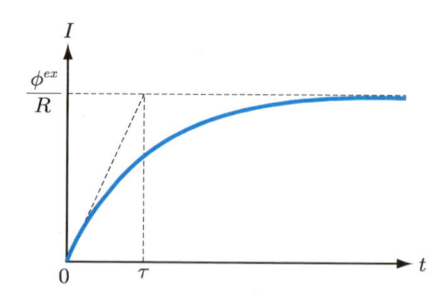

図7.7 LR回路に流れる電流の時間変化

$$I(t) \simeq \frac{\phi^{ex}}{R} \cdot \frac{t}{\tau} = \frac{\phi^{ex}}{L} t \qquad (7.46)$$

となり，はじめのうちは電流 I が時間 t に比例して増大することになる．仮に電流がそのまま増大したとすると，時刻 $t = \tau$ にはその最終の定常値 ϕ^{ex}/R に達することになる．このように，電流の値がその定常値に達するまでの途中の時間に起こる現象を一般に過渡現象 (transient phenomenon) といい，式(7.45)に示されるような電流のことを過渡電流 (transient current) という．

例題 7-4 図 7.8 のような LR 回路がある．はじめにスイッチ S を A につないで電流を流し，それが定常値に達した後，スイッチ S を図の接点 B に切り替えた．このとき以下の問いに答えよ．

① 電流の時間変化を求めよ．また，この回路の時定数はどのように表されるか．

② $L = 2.8$ [H], $R = 400$ [Ω] であるときの時定数を求めよ．

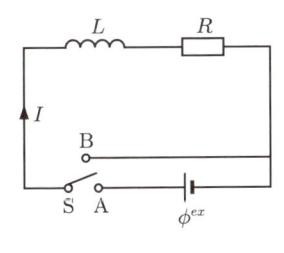

図 7.8

解答

① 回路を流れる電流 I についての方程式は

$$L\frac{dI}{dt} + RI = 0$$

この微分方程式の一般解は

$$I(t) = C \exp\left(-\frac{t}{\tau}\right)$$

で，時定数は $\tau = L/R$ である．$t = 0$ で，$I = \phi^{ex}/R$ であるから，積分定数 C

は $C = \phi^{ex}/R$ となるので，電流の時間変化は

$$I(t) = \frac{\phi^{ex}}{R} \exp\left(-\frac{t}{\tau}\right)$$

② $L = 2.8\,[\text{H}]$, $R = 400\,[\Omega]$ であるから

$$\tau = \frac{L}{R} = \frac{2.8}{400} = 7 \times 10^{-3}\,[\text{s}]$$

7.6 交流回路

図 7.9 に示すように，周期的に変化する交流起電力

$$\phi^{ex}(t) = \phi_0 \cos \omega t \tag{7.47}$$

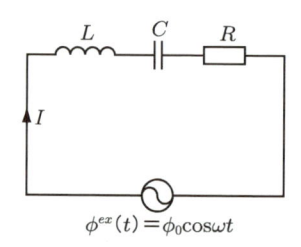

図 7.9 LCR 回路

と R, L, C が直列に接続された場合を考える．このとき，回路に作用する起電力は

$$\text{回路内の全起電力} = \phi^{ex} - \frac{Q}{C} - L\frac{dI}{dt} \tag{7.48}$$

であり，電圧降下は RI である．したがって

$$RI = \phi^{ex} - \frac{Q}{C} - L\frac{dI}{dt} \tag{7.49}$$

ここで，両辺を t で微分すると，電流は蓄積電荷の変化に等しい（$I = dQ/dt$）ことから

7.6 交流回路

$$L\frac{d^2I}{dt^2} + R\frac{dI}{dt} + \frac{I}{C} = -\phi_0\omega\sin\omega t \tag{7.50}$$

この式が電流の変化を示す微分方程式である．この解は，右辺を 0 とおいた斉次方程式

$$L\frac{d^2I}{dt^2} + R\frac{dI}{dt} + \frac{I}{C} = 0 \tag{7.51}$$

の一般解に非斉次方程式 (7.50) の特解を加えたものである．ところが，この式 (7.51) の解は，どのような場合にも結局は時間がたつと減衰してしまう．よって，最終的には特解だけが残ることになる．次に，特解を次の形と考える．

$$I(t) = I_0\cos(\omega t - \alpha) \tag{7.52}$$

ここで，I_0 と α が未定であり，これらをこれから決定する．なお，α を位相の遅れという．式 (7.52) を式 (7.50) に代入して解いていくと，結論として

$$I_0 = \frac{\phi_0}{Z} \tag{7.53}$$

$$\tan\alpha = \frac{\omega L - \dfrac{1}{\omega C}}{R} \tag{7.54}$$

$$Z = \sqrt{R^2 + \left(\omega L - \frac{1}{\omega C}\right)^2} \tag{7.55}$$

ここで，Z を**インピーダンス**といい，オームの法則における抵抗 R を一般化したものである．ωL を**誘導リアクタンス**，$1/\omega C$ を**容量リアクタンス**と呼ぶ．式 (7.55) からわかるように，交流電源の角周波数 ω が

$$\omega_0 = \frac{1}{\sqrt{LC}} \tag{7.56}$$

に一致したときに，Z は最小となり，最小値 R を取る．このとき，電流の時間変化は

第7章 電磁誘導

$$I(t) = \frac{\phi_0}{R} \cos \omega_0 t \tag{7.57}$$

演習問題7

1. ファラデーの電磁誘導の法則の式(7.9)において，右辺の比例定数 k が無次元であることを，両辺の単位を比較することによって確かめよ．

2. $B = 4.5 \times 10^{-5}\,[\mathrm{T}]$ の地球磁場に垂直になるような角度で，ジェット機が速さ 800 [km/h] で急上昇したとする．このとき，両翼間に生じる起電力を求めよ．ただし，翼の長さは 33 [m] とし，翼を左右通して一本の導体と見なすものとする．

3. 無限に長い直線状導線と同一平面上に，長方形（$a = 1\,[\mathrm{m}] \times b = 10\,[\mathrm{cm}]$）のコイルがある．その長い方の辺が導線に平行，かつ $h = 10\,[\mathrm{cm}]$ 離れている．導線に $I = I_0 \sin \omega t$ の電流を流すとき，コイルを貫く磁束と誘導起電力のそれぞれの最大値を求めよ．ただし，$I_0 = 5\,[\mathrm{A}]$ で，また $\omega = 2\pi\nu$ において，振動数 $\nu = 60\,[\mathrm{Hz}]$ であるとする．なお，コイル内の誘導電流のつくる磁界は無視する．

4. R の抵抗を持つ面積 S の平面コイルに対して，垂直に磁界がかかっている．その変化は磁束密度で $B = B_0 \cos \omega t$ のようである．以下の問いに答えよ．
   ① コイルに発生する起電力 ϕ^{em} を求めよ．
   ② コイルに流れる電流 I を求めよ．
   ここで，コイルの面積を $S = 12\,[\mathrm{cm}^2]$，$B_0 = 5 \times 10^{-3}\,[\mathrm{T}]$，磁界の変化周波数を 60 [Hz]，電気抵抗 $R = 10\,[\Omega]$ とした場合
   ③ 起電力 ϕ^{em} の最大値を求めよ．
   ④ 電流 I の最大値を求めよ．

5. ① 十分に長いソレノイド C_1 の外側に，それと同心にした長さ l_2 のソレノイド C_2 を巻いた時の相互インダクタンス M を求めよ．ソレノイド C_1 の中には透磁率 μ の磁性体がつめられているとする．
   ② 内側のソレノイド C_1 の半径を $a_1 = 6.0\,[\mathrm{mm}]$，外側のソレノイド C_2 の長さを $l_2 = 4.0\,[\mathrm{cm}]$，単位長さあたりの巻数をそれぞれ $n_1 = n_2 = 40000\,[\mathrm{回/m}]$，また透磁率 $\mu = 4 \times 10^3 \mu_0$ とする．相互インダクタンス M の値を求めよ．

8 電磁波

これまで，電界と磁界についてそれぞれ勉強をしてきた．時間的に変化しない電界や磁界の場合には，お互いの関係ははっきりしない．しかし，時間的に変化するときには，相互の作用があることは例えば電磁誘導などでわかってきた．そして，電界，磁界についての大事な問題は，実はもうほとんどわれわれの手の中に入ってきているのである．これからの最後の章では，これらのいままで得た知見をまとめて，いわゆるマクスウェルの方程式の考えを導き，全体の仕上げを行う．

8.1 電界と磁界の法則

時間的に変動しない電磁界の法則については，すでに7.1節において述べた．それらは，次のように閉曲面上および閉曲線上の積分で表される．

〈閉曲面上の面積分／ガウスの法則〉

① $$\int_{S_0} \boldsymbol{D} \cdot \boldsymbol{n} dS = Q \tag{8.1}$$

電界におけるガウスの法則
閉曲面内の全電荷量により電束線量が決まる．

② $$\int_{S_0} \boldsymbol{B} \cdot \boldsymbol{n} dS = 0 \tag{8.2}$$

磁界におけるガウスの法則
磁束線は必ず閉曲線をなす．

〈閉曲線上の周回積分〉

③ $$\int_{C_0} \boldsymbol{E} \cdot d\boldsymbol{s} = 0 \tag{8.3}$$

電位（静電ポテンシャル）の存在を示す．

④ $$\int_{C_0} \boldsymbol{H} \cdot d\boldsymbol{s} = I \tag{8.4}$$

アンペールの法則

電流による磁気作用を示す．

次に，時間的変化のある場合については，第7章で考えたように，二つのガウスの法則はそのままであり

① $$\int_{S_0} \boldsymbol{D}(t) \cdot \boldsymbol{n} dS = Q(t) \tag{8.5}$$

② $$\int_{S_0} \boldsymbol{B}(t) \cdot \boldsymbol{n} dS = 0 \tag{8.6}$$

また③については，ファラデーの法則から，右辺は0ではなく

③ $$\int_{C_0} \boldsymbol{E} \cdot d\boldsymbol{s} = -\int_{S} \frac{\partial \boldsymbol{B}}{\partial t} \cdot \boldsymbol{n} dS \tag{8.7}$$

となることを導いた．すなわち，磁界の時間的変化が電界をつくるのである．あとは，④のアンペールの法則がどうなるかという問題が残っているのである．

8.2 変位電流という考え方

コンデンサを充電しておいて，その両端を導線でつなぐと電流が流れる．これは当たり前のことのように思える．しかし，このことを改めて考えてみると妙なことに気づくはずだ．コンデンサの中には導線がないではないか！ だから電流は流れないはずだ．そこで電流はブロックされるはずなのに？

後のことを考えて，これを別なやり方で考えてみよう．図8.1のようにコンデンサを充電しておいて，その両端を導線でつないだとする．このとき，図に示すように，コンデンサの＋極から－極に向かって導線を伝わって電流Iが流れる．ここでアンペールの法則がそのまま成立するとすれば

8.2 変位電流という考え方

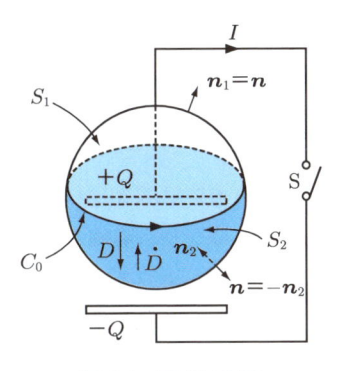

図8.1 変位電流

$$\int_{C_0} \boldsymbol{H} \cdot d\boldsymbol{s} - \int_{S_1} J_{n1} dS = I \tag{8.8}$$

ここで，右辺の電流 I は，図の閉曲線 C_0 によって囲まれた曲面 S_1 を貫く電流である．また，J_{n1} は電流密度の曲面に上向きに立てた法線成分を示す．さて，ここで，閉曲線 C_0 に囲まれた別の曲面として S_2 をとってみる．曲面 S_2 はコンデンサの中を通るため，その内部には電流が流れない．したがって，この S_2 についての面積分は0，すなわち

$$\int_{C_0} \boldsymbol{H} \cdot d\boldsymbol{s} = 0 \tag{8.9}$$

となってしまう．このままでは，同じものが式(8.8)では有限，式(8.9)では0となって，矛盾が生じることになる．

この矛盾を解決したのが，1861年のマクスウェルの変位電流という考え方である．コンデンサの内部にはいわゆる電流がないかわりに，両極板の上には電荷があって，それがつくる電界が両極板間に存在する．その強さは，極板上の電荷量の減少にともなって，時間とともに弱くなる．そこで，マクスウェルは，曲面 S_2 の上，すなわちコンデンサの中でも，単位面積あたり

$$J_d = \frac{dD_n}{dt} \tag{8.10}$$

という仮想的な電流を考えた．ここで D_n は，電束密度の曲面上の法線方向成

分である．曲面 S_2 全体で考えると，$D_n = D_{n2}$ として

$$I_d = \frac{d}{dt}\int_{S_2} D_{n2} dS \tag{8.11}$$

こうすると，極板上で減少（あるいは増加）した電荷に相当する分だけ，電流がコンデンサの中を流れることになり，導線を通って極板に出入りした電流が，この仮想的な電流につながることになる．すなわち，電流の連続性の原則が保たれることになるのである．

マクスウェルのこの仮想的な電流を**変位電流**（displacement current）または**電束電流**（electric flux current）という．これに対して，普通の電流，すなわち導線を流れる電流は**伝導電流**（conduction current）と呼ぶ．この変位電流を用いると，式(8.9)の代わりに

$$\int_{C_0} \boldsymbol{H} \cdot d\boldsymbol{s} = \frac{d}{dt}\int_{S_2} D_{n2} dS \tag{8.12}$$

と書くことができる．この式を誘導していくと，厳密に式(8.8)と同じになることが証明できる．すなわち，電流の連続性，電荷の保存性が保証されるのである．

そこで，閉曲線 C_0 で囲まれた任意の曲面 S を考え，それを伝導電流（電流密度 i_n）と変位電流（電流密度 $\partial D_n/\partial t$）の両種の電流が貫く一般の場合には，アンペールの法則は

$$\int_{C_0} \boldsymbol{H} \cdot d\boldsymbol{s} = \int_S \left(J_n + \frac{\partial \boldsymbol{D}}{\partial t}\cdot \boldsymbol{n}\right) dS = I + \int_S \frac{\partial \boldsymbol{D}}{\partial t}\cdot \boldsymbol{n} dS \tag{8.13}$$

と表されることになる．この法則を改めて**アンペール・マクスウェルの法則**（Ampere-Maxwell's law）という．式(8.13)の右辺第 2 項の変位電流が，電磁波というものの存在を導くことになるのである．

例題 8-1 静電容量が C である平行板コンデンサの両極に $V = V_0 \cos \omega t$ の交流電圧をかけたとき，コンデンサの中に生じる変位電流を求めよ．

極板の面積を S, 間隔を d, 誘電体の誘電率を ε とする．

解答 極板間の電界の強さは $E = V/d$ であり，電束密度 D は

$$D = \varepsilon E = \frac{\varepsilon V_0 \cos \omega t}{d}$$

で与えられる．したがって，変位電流 I_d は

$$I_d = \frac{\partial D}{\partial t} \cdot S = -\frac{\varepsilon V_0 \omega S}{d} \sin \omega t$$

ここで，$C = \varepsilon S/d$ であるから

$$I_d = -\omega C V_0 \sin \omega t$$

8.3 マクスウェルの方程式（積分形）

前節までで，ようやく電磁気学の基礎となる方程式が完全に出そろったのである．これらをまとめると，以下のようになる．

ポイント

① $\quad \int_{S_0} \boldsymbol{D} \cdot \boldsymbol{n} dS = Q \qquad (8.14)$

② $\quad \int_{S_0} \boldsymbol{B} \cdot \boldsymbol{n} dS = 0 \qquad (8.15)$

③ $\quad \int_{C_0} \boldsymbol{E} \cdot d\boldsymbol{s} = -\int_S \frac{\partial \boldsymbol{B}}{\partial t} \cdot \boldsymbol{n} dS \qquad (8.16)$

④ $\quad \int_{C_0} \boldsymbol{H} \cdot d\boldsymbol{s} = I + \int_S \frac{\partial \boldsymbol{D}}{\partial t} \cdot \boldsymbol{n} dS \qquad (8.17)$

ただし

ポイント

⑤ $\quad \boldsymbol{D} = \varepsilon \boldsymbol{E} \qquad (8.18)$
⑥ $\quad \boldsymbol{B} = \mu \boldsymbol{H} \qquad (8.19)$
⑦ $\quad \boldsymbol{J} = \sigma_e \boldsymbol{E} \qquad (8.20)$

次に，これらの方程式の物理的な意味について考えてみよう．
①は電界に関するガウスの法則を時間変化する場合に拡張したものである．
②は磁界に関するガウスの法則である．これは磁界が変動するときにもいつ

第8章 電　磁　波

も右辺は0ということで，それは磁界の発生源として磁荷というものが実在せず，磁束線は常に閉曲線を形成していることを意味している．

③は，磁束密度の時間変化に伴って，その周りの空間に電界が誘起されるというファラデーの法則を表している．

④はアンペール・マクスウェルの法則である．定常電流の場合のアンペールの法則を，時間変動する電流の場合に拡張，一般化したものであって，右辺の第2項が，マクスウェルが導入した変位電流である．空間のある場所で，電界が時間的に変化すると磁界が誘起されることを示している．

式(8.14)～(8.17)を<u>マクスウェルの方程式</u>と呼ぶ．

また，⑤は電束密度と電界との関係，⑥は磁束密度と磁界の強さとの関係である．また，⑦はオームの法則であり，電流密度と電界との関係を表している．

以上の基本法則から，時間変動がある場合の電界と磁界の相互関係が明らかとなる．静電磁界は，電荷Qや定常電流Iがその発生源になってつくられていると考えてよかった．ところが，時間変動を考慮しなければならなくなった場合には，③のファラデーの法則および④で導入された変位電流によって話が変わってくる．

①で$Q=0$とし，④で$I=0$とすると，①と②（ガウスの法則）は

①a $\qquad \int_{S_0} \boldsymbol{D} \cdot \boldsymbol{n} dS = 0 \qquad (8.21)$

②a $\qquad \int_{S_0} \boldsymbol{B} \cdot \boldsymbol{n} dS = 0 \qquad (8.22)$

また③と④は，次のようになる．

③a $\qquad \int_{C_0} \boldsymbol{E} \cdot d\boldsymbol{s} = -\int_{S} \frac{\partial \boldsymbol{B}}{\partial t} \cdot \boldsymbol{n} dS \qquad (8.23)$

④a $\qquad \int_{C_0} \boldsymbol{H} \cdot d\boldsymbol{s} = \int_{S} \frac{\partial \boldsymbol{D}}{\partial t} \cdot \boldsymbol{n} dS \qquad (8.24)$

さて，これら①a～④aを見ると，もはやどこにも電荷Qや電流Iはない．それでいながら

8.3 マクスウェルの方程式（積分形）

　③a　→　磁界の変動が電界を生み出し，
　④a　→　電界の変動が磁界を生み出す．
ことを示している．このとき
　①a　→　電束線は閉曲線をつくり，
　②a　→　磁束線は閉曲線をつくる．
という条件を満たさねばならない．

　このようにして，電界と磁界とは相伴って，電荷や電流のような物質的な存在とは独立した別種の実在として存在することになる．電界と磁界とは相互に

> ### 📖 ファラデーとマクスウェル
>
> 　ファラデー（1791～1867）はロンドン近郊の貧しい家の出身で，製本屋の見習い工などをしながら独学をしていた．王立研究所のデーヴィーの公開講義を聴いたのを機会に，デーヴィーの弟子になった．数学や科学の基礎は不十分であったが，それだけに既成の観念にとらわれず，洞察力と観察力に富んでいた．電流が磁気を生むならば，その逆もあるはずだと電磁誘導の現象を見つけ出したのもその一例であり，電磁気学の開拓者となった．
>
> 　一方，マクスウェル（1831～1879）は恵まれた環境に育ち，14才ですでに王立協会に論文を投稿したという神童ぶりであり，エジンバラ，ケンブリッジの両大学に学んだ．そして，ファラデーが導入した電磁気学の考えを発展させ，変位電流という考え方を導入し，数学的な整理を施し，いわゆるマクスウェルの方程式にまとめた．そして，電磁気的振動が横波であり，伝搬速度が光速度と一致することを示し，光の電磁波説を述べた．このようにして，マクスウェルは電磁気学を完成させた．いわゆるマクスウェルの基本方程式をまとめなおしたのは1864年であった．ただし，その後ヘビサイド，ヘルツ，ローレンツらによって今日の形になった．
>
> 　マクスウェルは「ファラデーが数学者でなかったことは，科学にとって幸運であった」と述べたという．マクスウェルは，40才にならないうちに辞職して著作研究に没頭していたが，請われて，実験物理の講座と実験室を作ることになった．それがキャベンディッシュ研究所である．一方，ファラデーは多くの名誉ある地位を拒み，研究所で研究と教育に専念した．彼の英国王立研究所の公開講座は有名である．

切り放すことができない実在なのである．これらをまとめて電磁界（electromagnetic field）という．電界と磁界の相互関係については，次節以降で詳しく説明する．

8.4　マクスウェルの方程式（微分形）

いままで，電磁気学の基本法則としてのマクスウェルの方程式を，主として積分形式で表してきた．物理的なイメージを把握するためには，この形式は便利でわかりやすい．しかし，一方これから勉強する電磁波の問題を議論するためには，この積分形式はちょっと不便なのである．いままでも，機会に応じて，微分形式で電界や磁界の法則を表すことを試みてきた．ここで，改めてそれらを整理して，まとめてみることにしよう．

■ガウスの法則（①，②）

すでに，2.6節で述べたように，ガウスの法則を微分形式で表すと以下のようになる．

① b　　　$\mathrm{div}\,\boldsymbol{D} = \rho$　または　$\nabla \cdot \boldsymbol{D} = \rho$ 　　　　　(8.25)

成分を用いて表すと

$$\frac{\partial D_x}{\partial x} + \frac{\partial D_y}{\partial y} + \frac{\partial D_z}{\partial z} = \rho \quad (8.26)$$

これとまったく同様にして，磁界に関するガウスの法則は次のようになる．

② b　　　$\mathrm{div}\,\boldsymbol{B} = 0$　または　$\nabla \cdot \boldsymbol{B} = 0$ 　　　　　(8.27)

成分を用いて表すと

$$\frac{\partial B_x}{\partial x} + \frac{\partial B_y}{\partial y} + \frac{\partial B_z}{\partial z} = 0 \quad (8.28)$$

8.4 マクスウェルの方程式（微分形）

■ファラデーの法則（③）

これについては 7.2 節で述べたように，ストークスの定理を用いて変形をすればよい．

③ b   rot $\boldsymbol{E} = -\dfrac{\partial \boldsymbol{B}}{\partial t}$ または $\nabla \times \boldsymbol{E} = -\dfrac{\partial \boldsymbol{B}}{\partial t}$ (8.29)

成分に分けてこれを表すと次のようになる．

$$\begin{cases} \dfrac{\partial E_z}{\partial y} - \dfrac{\partial E_y}{\partial z} = -\dfrac{\partial B_x}{\partial t} \\ \dfrac{\partial E_x}{\partial z} - \dfrac{\partial E_z}{\partial x} = -\dfrac{\partial B_y}{\partial t} \\ \dfrac{\partial E_y}{\partial x} - \dfrac{\partial E_x}{\partial y} = -\dfrac{\partial B_z}{\partial t} \end{cases} \quad (8.30)$$

■アンペール・マクスウェルの法則（④）

ファラデーの法則と同様にして，以下のようになる．

④ b   rot $\boldsymbol{H} = \boldsymbol{J} + \dfrac{\partial \boldsymbol{D}}{\partial t}$ または $\nabla \times \boldsymbol{H} = \boldsymbol{J} + \dfrac{\partial \boldsymbol{D}}{\partial t}$ (8.31)

成分に分けて表すと

$$\begin{cases} \dfrac{\partial H_z}{\partial y} - \dfrac{\partial H_y}{\partial z} = J_x + \dfrac{\partial D_x}{\partial t} \\ \dfrac{\partial H_x}{\partial z} - \dfrac{\partial H_z}{\partial x} = J_y + \dfrac{\partial D_y}{\partial t} \\ \dfrac{\partial H_y}{\partial x} - \dfrac{\partial H_x}{\partial y} = J_z + \dfrac{\partial D_z}{\partial t} \end{cases} \quad (8.32)$$

ただし

⑤b　　　$D = \varepsilon E$ 　　　　　　　　　　　　　　　　　　　　　　　　(8.33)

⑥b　　　$B = \mu H$ 　　　　　　　　　　　　　　　　　　　　　　　　(8.34)

⑦b　　　$J = \sigma_e E$ 　　　　　　　　　　　　　　　　　　　　　　　　(8.35)

これらが微分形で表したマクスウェルの方程式である．

8.5　電磁波はどのように伝搬するか

　磁界が時間的に変化すると，その周囲の空間に電界が生じ，また電界の時間変化によって磁界が生じる．エネルギーもそれに伴い，磁界のエネルギーと電界のエネルギーとの間で相互変換する．こうして，マクスウェルは，電界と磁界とが相互に影響し合いながら空間を伝搬するであろうと 1864 年に予言したのである．1870〜1880 年代の科学者にとっては，この予言の実証は大きな関心事であった．20 数年たち，1888 年，当時 23 才のヘルツがこれを実証した．この空間を伝搬していくものが<u>電磁波</u>である．以下，マクスウェルの方程式から電磁波の存在を導いてみよう．

　すでに，積分形のマクスウェル方程式において，電荷 $Q = 0$，電流 $I = 0$ といった実体のない場合でも，電界と磁界が相互関係を持つことがわかった．前節で導いた微分形のマクスウェル方程式を用いると，それがさらにはっきりと現れ，電磁波の存在が明らかになってくる．真空中で考えるので $\varepsilon = \varepsilon_0$，$\mu = \mu_0$ とする．さらに，電荷密度 $\rho = 0$，電流密度 $J = 0$ とし，⑤b および⑥b の関係を用いて，E と B にそろえて微分形のマクスウェル方程式を書き直すと次のようになる．

①c　　　$\text{div } E = 0$ 　　　　　　　　　　　　　　　　　　　　　(8.36)

②c　　　$\text{div } B = 0$ 　　　　　　　　　　　　　　　　　　　　　(8.37)

③c　　　$\text{rot } E = -\dfrac{\partial B}{\partial t}$ 　　　　　　　　　　　　　　　　　　　(8.38)

④c　　　$\text{rot } B = \varepsilon_0 \mu_0 \dfrac{\partial E}{\partial t}$ 　　　　　　　　　　　　　　　　　　(8.39)

8.5 電磁波はどのように伝搬するか

さらに，話を簡単にし，見通しをよくするために，電界と磁界とが z と t のみの関数とする．あとではっきりしてくるが，これはいわゆる<u>平面波</u>である．式で表すと次のようになる．

$$\bm{E}(z,\ t) = (E_x(z,\ t),\ E_y(z,\ t),\ E_z(z,\ t)) \tag{8.40}$$

$$\bm{B}(z,\ t) = (B_x(z,\ t),\ B_y(z,\ t),\ B_z(z,\ t)) \tag{8.41}$$

これは，電界，磁界とも x 方向と y 方向に対して一様になっているということである．一様になっているというのは，z 軸に垂直な一つの平面を取り上げると，その上ではどこでも，すなわちどの点（x, y）でも，電界も磁界もそれぞれ同じ値であるということである．それは，$\bm{E}$ や $\bm{B}$ の各成分を x や y で微分すると 0 ということである．このとき，①c～④c を成分で表すと，次のようになる．

① d $\quad \dfrac{\partial E_z}{\partial z} = 0 \tag{8.42}$

② d $\quad \dfrac{\partial B_z}{\partial z} = 0 \tag{8.43}$

③ d $\quad \begin{cases} \dfrac{\partial E_y}{\partial z} = \dfrac{\partial B_x}{\partial t} \\ \dfrac{\partial E_x}{\partial z} = -\dfrac{\partial B_y}{\partial t} \\ 0 = -\dfrac{\partial B_z}{\partial t} \end{cases} \tag{8.44}$

④ d $\quad \begin{cases} -\dfrac{\partial B_y}{\partial z} = \varepsilon_0 \mu_0 \dfrac{\partial E_x}{\partial t} \\ \dfrac{\partial B_x}{\partial z} = \varepsilon_0 \mu_0 \dfrac{\partial E_y}{\partial t} \\ 0 = \varepsilon_0 \mu_0 \dfrac{\partial E_z}{\partial t} \end{cases} \tag{8.45}$

式 (8.44) の第 2 式と式 (8.45) の第 1 式から B_y を消去すると，次の式が導

第8章 電磁波

かれる.

$$\frac{\partial^2 E_x}{\partial t^2} = \frac{1}{\varepsilon_0 \mu_0} \frac{\partial^2 E_x}{\partial z^2} \tag{8.46}$$

また，同じ二つの式から E_x を消去すると

$$\frac{\partial^2 B_y}{\partial t^2} = \frac{1}{\varepsilon_0 \mu_0} \frac{\partial^2 B_y}{\partial z^2} \tag{8.47}$$

同様にして，式(8.44)の第1式と式(8.45)の第2式から，次の2式が導かれる.

$$\frac{\partial^2 E_y}{\partial t^2} = \frac{1}{\varepsilon_0 \mu_0} \frac{\partial^2 E_y}{\partial z^2} \tag{8.48}$$

$$\frac{\partial^2 B_x}{\partial t^2} = \frac{1}{\varepsilon_0 \mu_0} \frac{\partial^2 B_x}{\partial z^2} \tag{8.49}$$

このようにして，ベクトル **E** と **B** について，互いに関連し合った $[E_x, B_y]$ の微分方程式が一組，また同様に，互いに関連し合った $[E_y, B_x]$ の微分方程式がもう一組できた．これらはいわゆる波動方程式であって，z 方向に伝搬する波，すなわち電磁波の存在を示す．電界 E_x の波と磁界 B_y の波とが組となって共存する．また同じように，電界 E_y の波と磁界 B_x の波が組となって共存することになる.

例として，E_x に関する波動方程式（式(8.46)）を考えよう．いま，波の波長を λ，振動数を ν とした正弦波関数

$$E_x = E_0 \sin\left(\frac{2\pi}{\lambda} z - 2\pi\nu t\right) \tag{8.50}$$

を考え，これを式(8.46)に代入すると

8.5 電磁波はどのように伝搬するか

$$(2\pi\nu)^2 = \frac{1}{\varepsilon_0\mu_0}\left(\frac{2\pi}{\lambda}\right)^2 \tag{8.51}$$

すなわち

$$\nu\lambda = \frac{1}{\sqrt{\varepsilon_0\mu_0}} \tag{8.52}$$

$\nu\lambda$ は波の伝搬速度になるから，これを u とおけば

$$u = \frac{1}{\sqrt{\varepsilon_0\mu_0}} \tag{8.53}$$

ここで，ε_0 と μ_0 の実際の値

$$\varepsilon_0 = 8.85418782 \times 10^{-12}\,[\mathrm{F/m}] \tag{8.54}$$

$$\mu_0 = 1.25663706 \times 10^{-6}\,[\mathrm{H/m}] \tag{8.55}$$

を代入すると

$$u = 3.00 \times 10^8\,[\mathrm{m/s}] = c\ (\text{光速}) \tag{8.56}$$

これはまさに光速 c に等しい．

式 (8.50) の E_x を式 (8.45) の第 1 式へ代入して，B_y を求めると

$$\begin{aligned}
B_y &= \sqrt{\varepsilon_0\mu_0}\,E_0 \sin\left(\frac{2\pi}{\lambda}z - 2\pi\nu t\right) \\
&= B_0 \sin\left(\frac{2\pi}{\lambda}z - 2\pi\nu t\right)
\end{aligned} \tag{8.57}$$

ここで

波数　　$k = \dfrac{2\pi}{\lambda}$ $\tag{8.58}$

角周波数　　$\omega = 2\pi\nu$ $\tag{8.59}$

第8章 電磁波

とおくと，E_x および B_y は

$$E_x = E_0 \sin(kz - \omega t) \qquad (8.60)$$

$$B_y = \frac{E_0}{c} \sin(kz - \omega t) \qquad (8.61)$$

のようにも表すことができる．

まったく同じような議論が，もう一つの組 $[E_y, B_x]$ に関する波動方程式についても成り立つ．このように，$\boldsymbol{E}$ と $\boldsymbol{B}$ とは，$[E_x, B_y]$ および $[E_y, B_x]$ の2組の波が重なって離れることなく，それぞれ同じ位相で，光速で z 軸方向に伝搬する．それらの振動する方向はいずれも z 軸に垂直になっており，いわゆる横波をつくる．この状況を図 8.2 に示す．

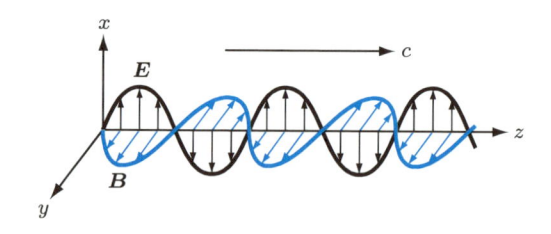

図 8.2 電磁波の伝搬

こうして，電磁波が横波であり，光と同じ速度で伝搬することから，マクスウェルは光の電磁波説を主張したのである．この予言は後にヘルツによって実証された．

電磁波にはその波長によってさまざまな種類がある．主なものをあげると，波長の長いものから，電波，長波，中波，短波，マイクロ波，赤外線，可視光，紫外線，X線，γ線となる．これらの電磁波の波長，波数，振動数およびエネルギーの換算表を付録5に示す．

これまでは，真空中での電磁波の伝搬を考えてきたが，一般の媒質中では，ε_0 を ε，μ_0 を μ とすればよいから，そのときは電磁波の伝搬速度 u は

$$u = \frac{1}{\sqrt{\varepsilon\mu}} \qquad (8.62)$$

> **例題 8-2** ① 真空中での電磁波の周波数 ν と波長 λ の関係式を示せ．
> ② それを用いて計算し，次表の空欄をうめよ．
>
> | | 周波数 ν | 波長 λ |
> | :---: | :---: | :---: |
> | AM ラジオ | 594 [kHz] | [m] |
> | VHF テレビ | 90 [MHz] | [m] |
> | UHF テレビ | 488 [MHz] | [m] |
> | 電子レンジ | 2450 [MHz] | [cm] |
> | 1 eV の赤外線 | [Hz] | 1.24 [μm] |
> | 最も明るい可視光 | [Hz] | 555 [nm] |
> | X 線 | [Hz] | 0.209 [Å] |
>
> **解答** ① $\nu\lambda = c = 3.00 \times 10^8$ [m/s]
> ②
>
> | | 周波数 ν | 波長 λ |
> | :---: | :---: | :---: |
> | AM ラジオ | 594 [kHz] | 505 [m] |
> | VHF テレビ | 90 [MHz] | 3.33 [m] |
> | UHF テレビ | 488 [MHz] | 0.61 [m] |
> | 電子レンジ | 2450 [MHz] | 12.2 [cm] |
> | 1 eV の赤外線 | 2.41×10^{14} [Hz] | 1.24 [μm] |
> | 最も明るい可視光 | 5.40×10^{14} [Hz] | 555 [nm] |
> | X 線 | 1.43×10^{19} [Hz] | 0.209 [Å] |

8.6 電磁波のエネルギー

すでに述べたように，電界や磁界はそれぞれエネルギーを伴っている．空間のある1点の電磁界が電界 E と磁束密度 B であるとすると，その点のエネルギー密度 w は

第8章 電磁波

$$w = \frac{1}{2}\left(\varepsilon_0 E^2 + \frac{1}{\mu_0}B^2\right) \tag{8.63}$$

と表される．真空中で電磁波が伝搬するとき，E も B も一方向に速度 c で進行するから，その方向に垂直な単位面積あたりでは，単位時間に

$$S = cw = \frac{c}{2}\left(\varepsilon_0 E^2 + \frac{1}{\mu_0}B^2\right) \tag{8.64}$$

のエネルギーが通過する．

いま，電磁波が z 方向に伝搬しているとしよう．電界 E と磁束密度 B の x, y, z 各成分を見ると，進行方向である z 成分はゼロ（$E_z = 0$, $B_z = 0$）である．したがって

$$S = \frac{c}{2}\left[\varepsilon_0(E_x{}^2 + E_y{}^2) + \frac{1}{\mu_0}(B_x{}^2 + B_y{}^2)\right] \tag{8.65}$$

となるが，ここで，前述のように

$$B_y = \frac{1}{c}E_x \quad \text{および} \quad B_x = -\frac{1}{c}E_y \tag{8.66}$$

を代入し

$$c = \frac{1}{\sqrt{\varepsilon_0\mu_0}} \tag{8.67}$$

を考慮すると，式 (8.65) は

$$S = \frac{1}{\mu_0}(E_x B_y - E_y B_x) = \frac{1}{\mu_0}(\boldsymbol{E}\times\boldsymbol{B})_z = (\boldsymbol{E}\times\boldsymbol{H})_z \tag{8.68}$$

この式は S がベクトル $\boldsymbol{E}\times\boldsymbol{H}$ の z 成分であることを示している．$E_z = 0$, $H_z = 0$ であるから，ベクトル $\boldsymbol{E}\times\boldsymbol{H}$ すなわちベクトル $\boldsymbol{S}$ は電磁波の進行方向を向いている．この

$$\boldsymbol{S} = \boldsymbol{E}\times\boldsymbol{H} \tag{8.69}$$

で定義されるベクトル量は，電磁波のエネルギーの流れの密度を表すことになる．これを**ポインティングベクトル** (poynting vector) と呼ぶ．

次に，電磁波の強度を求める．電磁波の強度 $\langle S \rangle$ とは，波動の周期 T に関してのポインティングベクトル S の平均値であり，次式で求められる．

$$\langle S \rangle = \frac{1}{T}\int_0^T S dt = \frac{1}{T}\int_0^T \frac{1}{\mu_0}(\boldsymbol{E} \times \boldsymbol{B})_z dt \qquad (8.70)$$

簡単のために $[E_x, B_y]$ について計算する．上式に式 (8.60), (8.61) を代入すると

$$\begin{aligned}\langle S \rangle &= \frac{1}{T}\int_0^T \frac{E_0^2}{c\mu_0}\sin^2(kz-\omega t)dt \\ &= \frac{\varepsilon_0 E_0^2}{2}c = \frac{E_0^2}{2\sqrt{\dfrac{\mu_0}{\varepsilon_0}}} \quad [\text{W/m}^2]\end{aligned} \qquad (8.71)$$

演習問題 8

1. マクスウェルが導入した変位電流とはどのような電流か論ぜよ．（簡単でよいので，マクスウェルの方程式および電磁波の予言との関係にまで言及せよ）
2. マクスウェルの方程式について，以下の問いに答えよ．
   ① 積分形式で書き表せ．
   ② 微分形式で書き表せ．
   ③ それぞれの方程式について，物理的な意味を簡単に述べよ．
3. 誘電率 $\varepsilon = 14\varepsilon_0$，透磁率 $\mu = 40\mu_0$ の磁性誘電体の内部では，電磁波の速さは真空中の光速の何分の1となるか．
4. 地球の大気圏外における太陽の放射エネルギーは $1.36\,[\text{kW/m}^2]$ である．いま，太陽からの放射が，単一の周波数を持った電磁波だと仮定すると，太陽光の平均エネルギー密度 $\langle w \rangle$，電界の振幅 E_0，磁束密度の振幅 B_0 をそれぞれ求めよ．
5. 人工衛星に積んである出力 $10\,[\text{kW}]$ の送信機から等方的に電波が出ている．衛星から $50\,[\text{km}]$ の場所におけるポインティングベクトルの平均値 $\langle S \rangle$ と電界振幅を求めよ．

演習問題解答

第2章

1. 式(2.8)より,$F = 1.35 \times 10^{-4}$ [N]

2. 円周上の微小部分のつくる電界を積分する.(対称性から,電界はz方向成分のみを持つ)
$$E = E_z = \frac{q}{4\pi\varepsilon_0} \cdot \frac{z}{(a^2 + z^2)^{3/2}}$$

3. ガウスの法則を用いる.(対称性から,電界はR方向成分のみを持つ)
$$E = E_R = \frac{\lambda}{2\pi\varepsilon_0} \cdot \frac{1}{R}$$

4. 式(2.46)より
   ① $V_1 = \dfrac{Q}{4\pi\varepsilon_0 a_1}$
   ② $V_2 = \dfrac{2Q}{4\pi\varepsilon_0 2a_1} = \dfrac{Q}{4\pi\varepsilon_0 a_1} = V_1$
   ③ $V_3 = \dfrac{9Q}{4\pi\varepsilon_0 3a_1} = \dfrac{3Q}{4\pi\varepsilon_0 a_1} = 3V_1$

5. $W_{AB} = q(V_A - V_B) = q\left(\dfrac{q_0}{4\pi\varepsilon_0 r_A} - \dfrac{q_0}{4\pi\varepsilon_0 r_B}\right) = 9.0 \times 10^{-3}$ [J]
   $= 5.6 \times 10^{16}$ [eV]

第3章

1. ガウスの法則より
$$E_r(R) = \frac{Q}{4\pi\varepsilon_0 R^2}$$
   また,導体球の電位は
$$V(R) = \frac{Q}{4\pi\varepsilon_0 R}$$
   であるから
$$E_r(R) = \frac{V(R)}{R}$$

2. 1.の結果より,火花放電が起こらないための条件は

$$R > \frac{V(R)}{E_r(R)} = \frac{50 \times 10^4}{3 \times 10^6} = 0.16 \,[\mathrm{m}]$$

3. 1.の結果に数値を代入する．$V(R) = 100, 1000, 10000\,[\mathrm{V}]$ のとき，それぞれ，$E_r(R) = 2 \times 10^9, 2 \times 10^{10}, 2 \times 10^{11}\,[\mathrm{V/m}]$ となる．
4. 式(3.25)より，$C = 22.2\,[\mathrm{pF}]$
5. 式(3.29)より，$C = 7.1 \times 10^{-4}\,[\mathrm{F}]$

第4章

1. 省略
2. 式(4.2)より，$P = 1.10 \times 10^{-6}\,[\mathrm{C/m^2}]$
3. ① $\dfrac{クーロン力}{万有引力} = \dfrac{1}{4\pi\varepsilon_0 G}\left(\dfrac{e}{m}\right)^2 = 4.2 \times 10^{42}$

   ② r には無関係である．

   ③ $\dfrac{1}{\varkappa} = \dfrac{1}{80} = 0.0125$ 倍

4. ① 式(3.25)より，$C_0 = \dfrac{\varepsilon_0 S}{d} = 0.885\,[\mathrm{nF}]$

   ② コンデンサ C_1，C_2 の直列接続．
   $$C_1 = \frac{C_0}{0.6}, \quad C_2 = \frac{\varkappa}{0.4}C_0 = \frac{5.5}{0.4}C_0$$
   であるから
   $$\frac{1}{C} = \frac{1}{C_1} + \frac{1}{C_2}$$
   より，$C = 1.32\,[\mathrm{nF}]$

   ③ コンデンサ C_1，C_2 の並列接続．
   $$C_1 = \frac{2C_0}{3}, \quad C_2 = \varkappa C_1 = \frac{\varkappa C_0}{3}$$
   であるから
   $$C = C_1 + C_2$$
   より，$C = 2.21\,[\mathrm{nF}]$

5. ガウスの法則を用いる．

   ① $D(r) = \begin{cases} \dfrac{Qr}{4\pi a^3} & (r \leq a) \\[2mm] \dfrac{Q}{4\pi r^2} & (r > a) \end{cases}$

   ② $E(r) = \begin{cases} \dfrac{Qr}{4\pi\varepsilon a^3} & (r \leq a) \\[2mm] \dfrac{Q}{4\pi\varepsilon_0 r^2} & (r > a) \end{cases}$

演習問題解答

③ $V(r) = \begin{cases} \dfrac{Q}{4\pi\varepsilon_0 a} + \dfrac{Q(a^2 - r^2)}{8\pi\varepsilon a^3} & (r \leq a) \\ \dfrac{Q}{4\pi\varepsilon_0 r} & (r > a) \end{cases}$

④ $P(r) = \begin{cases} D(r) - \varepsilon_0 E(r) = \dfrac{(\varepsilon - \varepsilon_0)Qr}{4\pi\varepsilon a^3} & (r \leq a) \\ 0 & (r > a) \end{cases}$

第 5 章

1. ① 銀 2.5 g 中の銀原子の数 N は
$$N = 2.5 \times \frac{N_A}{108} = 1.39 \times 10^{22}$$
であるから，求める電荷量は
$$Q = eN = 2.2 \times 10^3 \,[\mathrm{C}]$$
② $I = 7.43\,[\mathrm{A}]$

2. 50 [μCi] のウランから出る α 粒子の数は $3.7 \times 10^4 \times 50 = 1.85 \times 10^6$ [個/s] であるから，流れる電流は $2.96 \times 10^{-2}\,[\mu\mathrm{A}]$

3. ① 電流密度は
$$J(r) = \frac{I}{2\pi r L}$$
であるから，電界は
$$E(r) = \rho_e J(r) = \frac{\rho_e I}{2\pi r L}$$
これを積分すると，AB 間の電位差は
$$V = \frac{\rho_e I}{2\pi L}\ln\frac{b}{a}$$
となるので，電極 AB 間の電気抵抗は
$$R = \frac{\rho_e}{2\pi L}\ln\frac{b}{a}$$
② 数値を代入すると，$\rho_e = 628\,[\Omega\,\mathrm{m}]$ となる．

4. Al では 1 原子当たり 3 個の自由電子があることに注意する．
① $n = 1.8 \times 10^{29}\,[\mathrm{m}^{-3}]$
② 式 (5.16) より，$\tau = \dfrac{m}{\rho_e n e^2} = 7.05 \times 10^{-15}\,[\mathrm{s}]$
③ 式 (5.14) より，$v = \dfrac{e\tau}{m}E = 6.5 \times 10^{-2}\,[\mathrm{m/s}]$
④ 真空中の速度 v_0 は
$$v_0 = \sqrt{\frac{2eV}{m}} = 4.2 \times 10^6\,[\mathrm{m/s}]$$
であるから，Al 中の自由電子の速さに対して

$$\frac{4.2 \times 10^6}{6.5 \times 10^{-2}} = 6.5 \times 10^7$$

すなわち 7 けた以上の差があることになる．

5. ① $Q_0 = CV_0 = 75.6\,[\mu\mathrm{C}]$

② $\tau = RC = 18\,[\mathrm{s}]$

③ $\dfrac{1}{e} = 0.368 = 36.8\,\%$

④ $Q(\tau) = \dfrac{Q_0}{e} = 27.8\,[\mu\mathrm{C}]$

⑤ $\left(\dfrac{1}{e}\right)^3 = 0.0498 = 4.98\,\%$

第 6 章

1. ① 電子の軌跡は，偏向磁界中では半径 r で円弧を描き，磁界を出るときにはある偏向角 θ を持つ．θ が小さい場合には，偏向距離 D は

$$D \simeq \left(\frac{b}{2} + L\right)\tan\theta \simeq \left(\frac{b}{2} + L\right)\theta$$

と近似できる．ここで

$$\theta \simeq \frac{b}{r}, \quad r = \frac{1}{B}\sqrt{\frac{2mV}{e}}$$

であるから

$$D = \left(\frac{b}{2} + L\right)Bb\sqrt{\frac{e}{2mV}}$$

② 数値を代入すると，$D = 4.7\,[\mathrm{cm}]$ となる．

2. ① 磁界中における電子軌道の半径 R は

$$R = \frac{1}{B}\sqrt{\frac{2mV_{0v}}{e}}$$

ループの太さ $\varPhi$ は，R の 4 倍と考えられるから

$$\varPhi = \frac{4}{B}\sqrt{\frac{2mV_{0v}}{e}}$$

② 電子が一回転する時間 T は，角速度 ω を用いると

$$T = \frac{2\pi}{\omega} = \frac{2\pi m}{eB}$$

と表され，この時間の間に電子の移動する距離が集束距離 L となる．電子の軸方向の速さ v を用いると

$$L = vT = \sqrt{\frac{2eV}{m}} \cdot \frac{2\pi m}{eB} = \frac{2\pi}{B}\sqrt{\frac{2mV}{e}}$$

③ 数値を代入すると，$\varPhi = 3.4\,[\mathrm{mm}]$，$L = 92\,[\mathrm{mm}]$ となる．

3. ① 式 (6.7) より

$$B = \frac{\mu_0 I}{2\pi R} = 2.0 \times 10^{-5} \, [\text{T}]$$

② $H = \dfrac{B}{\mu_0} = 16 \, [\text{A/m}]$

③ $W = 2\pi R F = 2\pi R \cdot \dfrac{q_m I}{2\pi R} = q_m I = 2.0 \times 10^{-3} \, [\text{J}]$

4. ① S極
   ② 式(6.62)より，$r = 17 \, [\text{cm}]$

5. アンペールの法則を用いる．
   円柱の内部 ($R < a$) では
   $$H(R) = \frac{R}{2\pi a^2} I$$
   $$B(R) = \frac{\mu R}{2\pi a^2} I$$
   円柱の外部 ($R > a$) では
   $$H(R) = \frac{I}{2\pi R}$$
   $$B(R) = \frac{\mu_0}{2\pi R} I$$

第7章

1. 左辺 $= \text{V} = \dfrac{\text{J}}{\text{C}} = \dfrac{\text{N} \cdot \text{m}}{\text{A} \cdot \text{s}}$

   右辺 $= \dfrac{\text{Wb}}{\text{s}} = \dfrac{\text{A} \cdot \text{H}}{\text{s}} = \dfrac{\text{A}}{\text{s}} \cdot \dfrac{\text{N} \cdot \text{m}}{\text{A}^2} = \dfrac{\text{N} \cdot \text{m}}{\text{A} \cdot \text{s}}$

   と両辺の単位が等しいので，k は無次元となる．

2. ローレンツ力
   $$F = qvB$$
   を受けて，距離 b だけ移動するときになされる仕事は
   $$W = qvBb$$
   であるから，起電力は
   $$\phi^{em} = \frac{W}{q} = vBb = 0.33 \, [\text{V}]$$

3. コイルから距離 R 離れて dR の幅の帯状の部分を貫く磁束 $d\Phi$ は
   $$d\Phi = \frac{\mu_0 I}{2\pi R} a \, dR$$
   であるので，全磁束 Φ は
   $$\Phi = \int_h^{h+b} d\Phi = \frac{\mu_0 I_0 a}{2\pi} \ln\left(\frac{h+b}{h}\right) \sin \omega t$$
   これをファラデーの電磁誘導の式に代入すると

演習問題解答

$$\phi^{em} = -\frac{d\Phi}{dt} = -\frac{\mu_0 I_0 a}{2\pi}\ln\left(\frac{h+b}{h}\right)\omega\cos\omega t$$

磁束の最大値は $\sin\omega t = 1$ のときであるから，数値を代入すると
$$(\Phi)_{\max} = 7.0\times 10^{-7}\,[\mathrm{Wb}]$$

また，起電力の最大値は $\cos\omega t = 1$ のときであるから
$$(\phi^{em})_{\max} = 2.6\times 10^{-4}\,[\mathrm{V}]$$

4. ① $\phi^{em} = -\dfrac{d\Phi}{dt} = -S\dfrac{dB}{dt} = SB_0\omega\sin\omega t$

② $I = \dfrac{\phi^{em}}{R} = \dfrac{SB_0\omega}{R}\sin\omega t$

③ $(\phi^{em})_{\max} = SB_0\omega = 2.3\times 10^{-3}\,[\mathrm{V}]$

④ $I_{\max} = \dfrac{(\phi^{em})_{\max}}{R} = 2.3\times 10^{-4}\,[\mathrm{A}]$

5. ① Φ_1 は C_2 の中に全部含まれるので，C_2 の1巻きあたりの起電力は
$$\phi_1^{em2} = -\frac{d\Phi_1}{dt} = -\mu n_1 S_1 \frac{dI_1}{dt}$$
となるので，全起電力は
$$\phi^{em2} = n_2 l_2 \phi_1^{em2} = -\mu n_1 n_2 l_2 S_1 \frac{dI_1}{dt} = -M\frac{dI_1}{dt}$$
であるから
$$M = \mu n_1 n_2 l_2 S_1$$

② 数値を代入すると，$M = 36\,[\mathrm{H}]$ となる．

第8章

1. 省略
2. 省略
3. 式 (8.62) より
$$u = \frac{1}{\sqrt{\varepsilon\mu}} = \frac{c}{\sqrt{14\times 40}} = \frac{c}{23.7}$$
よって，約 $1/24$ となる．
4. 式 (8.64) より，$\langle w\rangle = 4.53\times 10^{-6}\,[\mathrm{J/m^3}]$
   式 (8.71) より，$E_0 = 1.01\times 10^3\,[\mathrm{V/m}]$
   式 (8.66) より，$B_0 = 3.38\times 10^{-6}\,[\mathrm{T}]$
5. 半径 R の球面上では
$$\langle S\rangle = \frac{W}{4\pi R^2} = 3.2\times 10^{-7}\,[\mathrm{W/m^2}]$$
これに対応する電界の振幅の値 E_0 は，式 (8.71) より
$$E_0 = 1.6\times 10^{-2}\,[\mathrm{V/m}]$$

付録1　基礎物理定数表

真空中の光速	c	3.00×10^8 [m/s]
電子の電荷	e	1.60×10^{-19} [C]
電子の静止質量	m_0	9.11×10^{-31} [kg]
真空の誘電率	ε_0	8.85×10^{-12} [F/m]
真空の透磁率	μ_0	1.26×10^{-6} [H/m]
プランク定数	h	6.63×10^{-34} [Js]
	$\hbar=\dfrac{h}{2\pi}$	1.05×10^{-34} [Js]
ボルツマン定数	k_B	1.38×10^{-23} [J/K]
アボガドロ数	N_A	6.02×10^{23} [mol^{-1}]
気体定数	R	8.31 [J/(mol·K)]
熱の仕事量	J	4.18 [J/cal]
ボーア半径	a_0	5.29×10^{-11} [m]
ボーア磁子	μ_B	9.27×10^{-24} [J/T]

付録2　単位の接頭記号

10^{-1}	デシ	d	10	デカ	da
10^{-2}	センチ	c	10^2	ヘクト	h
10^{-3}	ミリ	m	10^3	キロ	k
10^{-6}	マイクロ	μ	10^6	メガ	M
10^{-9}	ナノ	n	10^9	ギガ	G
10^{-12}	ピコ	p	10^{12}	テラ	T
10^{-15}	フェムト	f	10^{15}	ペタ	P
10^{-18}	アト	a	10^{18}	エクサ	E

付録3　ギリシア文字

名　称	小文字	大文字	名　称	小文字	大文字
アルファ	α	A	ニュー	ν	N
ベータ	β	B	グザイ	ξ	Ξ
ガンマ	γ	Γ	オミクロン	o	O
デルタ	δ	Δ	パイ	π	Π
イプシロン	ε	E	ロー	ρ	P
ツェータ	ζ	Z	シグマ	σ	Σ
イータ	η	H	タウ	τ	T
シータ	θ	Θ	ユプシロン	υ	Υ
イオタ	ι	I	ファイ	ϕ	Φ
カッパ	χ	K	カイ	χ	X
ラムダ	λ	Λ	プサイ	ψ	Ψ
ミュー	μ	M	オメガ	ω	Ω

付　録

付録4　電磁気諸量の記号と単位

量	記号	単位
点電荷	q	[C]
分布電荷	Q	[C]
面電荷密度	σ	[C/m^2]
体積電荷密度	ρ	[C/m^3]
電界	E	[V/m] = [N/C]
電位	V	[V]
静電容量	C	[F] = [C/V]
分極	P	[C/m^2]
電束密度	D	[C/m^2]
電束	Φ_D	[C]
誘電率	ε	[F/m]
電流	I	[A] = [C/s]
電流密度	J	[A/m^2]
電気抵抗	R	[Ω]
抵抗率	ρ_e	[Ω・m]
導電率	σ_e	[S/m]
磁荷	q_m	[Wb] = [A・H]
磁気モーメント	m	[Wb・m]
磁束	Φ	[Wb] = [A・H]
磁束密度	B	[T] = [Wb/m^2]
磁化	J_m	[T] = [Wb/m^2]
磁界の強さ	H	[A/m]
透磁率	μ	[H/m]
磁位	ϕ_m	[A]
起電力	ϕ^{em}	[V]
インダクタンス	L	[H] = [N・m/A^2]

付録5　電磁波とエネルギーの換算表

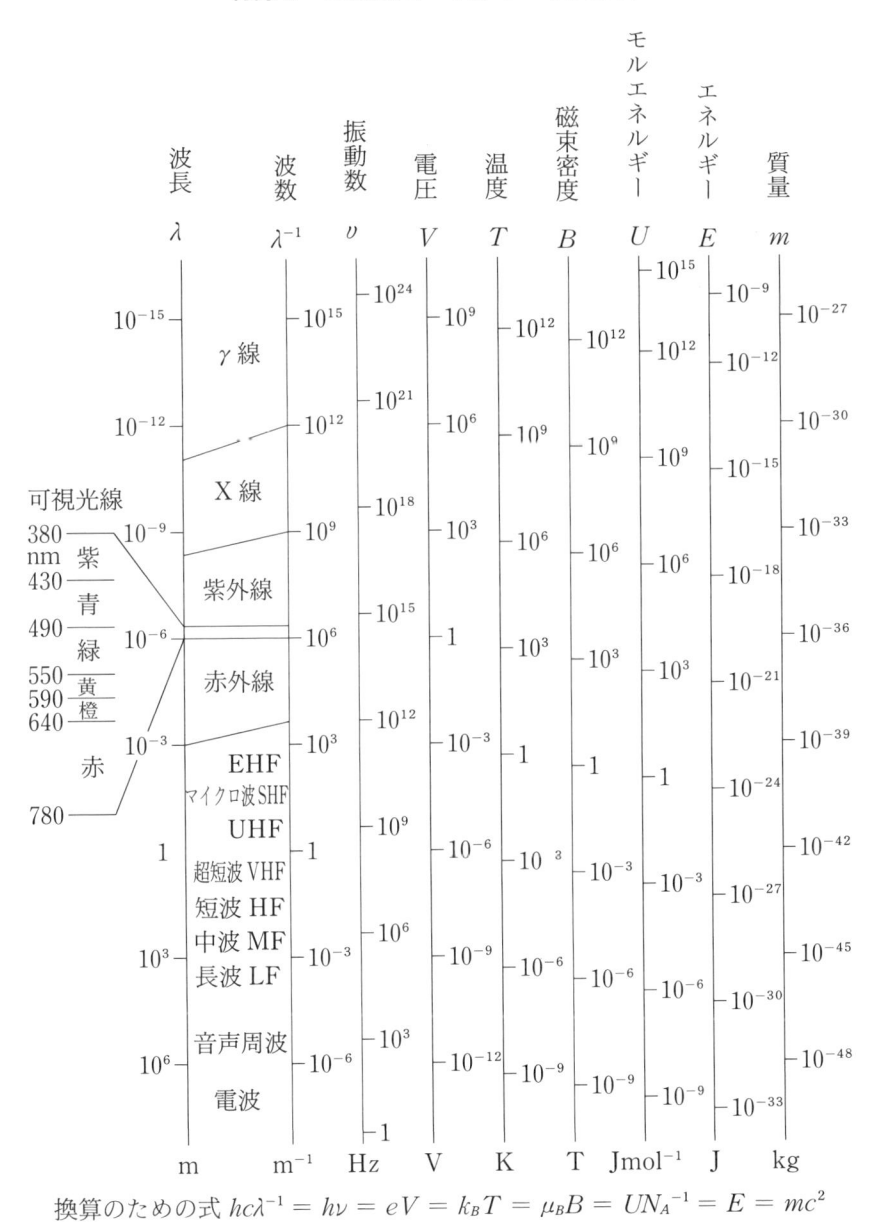

波長 λ (m)	波数 λ^{-1} (m⁻¹)	振動数 ν (Hz)	電圧 V (V)	温度 T (K)	磁束密度 B (T)	モルエネルギー U (Jmol⁻¹)	エネルギー E (J)	質量 m (kg)
10^{-15}	10^{15}	10^{24}	10^{9}	10^{12}	10^{12}	10^{15}	10^{-9}	10^{-27}
10^{-12}	10^{12}	10^{21}	10^{6}	10^{9}	10^{9}	10^{12}	10^{-12}	10^{-30}
10^{-9}	10^{9}	10^{18}	10^{3}	10^{6}	10^{6}	10^{9}	10^{-15}	10^{-33}
10^{-6}	10^{6}	10^{15}	1	10^{3}	10^{3}	10^{6}	10^{-18}	10^{-36}
10^{-3}	10^{3}	10^{12}	10^{-3}	1	1	10^{3}	10^{-21}	10^{-39}
1	1	10^{9}	10^{-6}	10^{-3}	10^{-3}	1	10^{-24}	10^{-42}
10^{3}	10^{-3}	10^{6}	10^{-9}	10^{-6}	10^{-6}	10^{-3}	10^{-27}	10^{-45}
10^{6}	10^{-6}	10^{3}	10^{-12}	10^{-9}	10^{-9}	10^{-6}	10^{-30}	10^{-48}
		1					10^{-33}	

可視光線
380 nm 紫
430 青
490 緑
550 黄
590 橙
640 赤
780

γ線, X線, 紫外線, 赤外線, EHF, マイクロ波 SHF, UHF, 超短波 VHF, 短波 HF, 中波 MF, 長波 LF, 音声周波, 電波

換算のための式　$hc\lambda^{-1} = h\nu = eV = k_B T = \mu_B B = U N_A^{-1} = E = mc^2$

参 考 文 献

1. 砂川重信『電磁気学』培風館（1988）
2. 中山正敏『電磁気学』裳華房（1986）
3. 近角聰信『基礎電磁気学』培風館（1990）
4. 後藤尚久『なっとくする電磁気学』講談社（1993）
5. 長岡洋介『電磁気学Ⅰ』岩波書店（1982）
6. 長岡洋介『電磁気学Ⅱ』岩波書店（1983）
7. 川村清『電磁気学』岩波書店（1994）
8. 磯親『電磁気学』東京教学社（1993）
9. 砂川重信『電磁気学の考え方』岩波書店（1993）
10. 伊藤彰義『図でわかる電磁気学』講談社サイエンティフィク（1996）
11. ファインマン，他／宮島龍興訳『ファインマン物理学Ⅲ/電磁気学』岩波書店（1969）
12. ファインマン，他／戸田盛和訳『ファインマン物理学Ⅳ/電磁波と物性』岩波書店（1969）
13. 青野修『電磁気学の単位系』丸善（1990）
14. 足立武彦・関本仁・渡部泰明『パソコン電磁気学』朝倉書店（1986）
15. 川田重夫・松本正己『電磁気学』近代科学社（1990）
16. 牟田泰三『現代の物理学2/電磁力学』岩波書店（1992）

さくいん

〈あ 行〉

アンペールの法則 …………………88
アンペールの力 ……………………98
アンペール・マクスウェルの法則 ……138
位相の遅れ …………………………133
インダクタンス ……………………127
インピーダンス ……………………133
永久磁石 ……………………………115
遠隔作用 ………………………………10
オームの法則 ……………………69,72

〈か 行〉

回　転 ………………………………122
外部電界 ………………………………34
ガウスの法則 …………………15,87
角周波数 ……………………………147
重ね合わせの原理 ………………9,109
過渡現象 ……………………………131
過渡電流 ……………………………131
緩和時間 …………………………73,80
起電力 …………………………………77
キャパシタ ……………………………44
鏡像法 …………………………………41
鏡像力 …………………………………42
強磁性体 ……………………………114
強誘電体 ………………………………65
キルヒホッフの法則 ………………78
近接作用 …………………………10,85
クーロンの法則 ………………………7
クーロン力 ……………………………7
抗電界 …………………………………65
勾　配 …………………………………26

〈さ 行〉

国際単位系 …………………………7,68
コンデンサ ……………………………44

サイクロトロン角振動数 …………102
残留磁束密度 ………………………115
残留分極 ………………………………65
磁　位 ………………………………109
磁　荷 …………………………………83
磁　界 …………………………………85
　──の強さ ………………………107
磁化電流 ……………………………111
磁化ベクトル ………………………111
磁化率 ………………………………113
磁　気 …………………………………83
　──双極子 ………………………106
　──双極子モーメント …………104
自己インダクタンス ………………127
自己誘導 ……………………………127
磁　束 ………………………………120
　──線 …………………………87,107
　──密度 …………………………85
磁性体 ………………………………111
時定数 …………………………………80
自発分極 ………………………………65
ジュール熱 …………………………76
準定常電流 ………………………67,79
常磁性体 ……………………………114
磁力線 ………………………………107
真空の透磁率 ………………………85
真空の誘電率 …………………………7
真電荷 …………………………………57
スカラー ………………………………8

163

さくいん

スカラー場 …………………………24
ストークスの定理 …………………121
静電エネルギー ……………………47
静電遮へい …………………………39
静電誘導 ……………………………34
静電容量 ……………………………44
絶縁体 ………………………………52
相互インダクタンス ………………126
相互誘導 ……………………………127
素電荷 ………………………………5
ソレノイド …………………………95

〈た　行〉

抵抗率 ………………………………70
定常電流 ……………………………67
電　圧 ………………………………69
電　位 ………………………………22
　──差 …………………………22,69
電　界 ………………………………11
電気感受率 …………………………56
電気双極子 …………………………28
　──モーメント ………………29,55
電気抵抗 ……………………………69
電気伝導率 …………………………70
電気容量 ……………………………44
電気力線 ……………………………13
　──束 ……………………………14
電磁界 ………………………………142
電磁波 …………………………142,144
　──の強度 ………………………151
電　束 …………………………14,60
　──線 ……………………………60
　──電流 …………………………138
　──密度 …………………………59
伝導電流 ………………………111,138
電　流 ………………………………67
　──密度 …………………………71
同心球殻コンデンサ ………………46
等電位面 ……………………………26
導電率 ………………………………70

〈な　行〉

ナブラ ………………………………20

〈は　行〉

配向分極 ……………………………55
波　数 ………………………………147
発　散 ………………………………20
発電機 ………………………………124
波動方程式 …………………………146
反磁性体 ……………………………114
反電界 ………………………………58
ビオ・サバールの法則 ……………92
比抵抗 ………………………………70
比誘電率 ………………………52,62
ファラド ……………………………44
ファラデーの電磁誘導の法則 ……119
ファラデーの法則 …………………121
フレミングの左手の法則 …………98
フレミングの右手の法則 …………123
分　極 …………………………54,56
　──電荷 …………………………57
分子電流 ……………………………103
平行平板コンデンサ ………………45
平面波 ………………………………145
ベクトル ……………………………8
　──場 ……………………………24
変位電流 ……………………………138
ポアソンの方程式 …………………33
ポインティングベクトル …………151
飽和磁束密度 ………………………115
保磁力 ………………………………115

〈ま　行〉

マクスウェルの方程式 ………140,144
右ネジの法則 ………………………87

〈や　行〉

誘電体 ………………………………52
誘電分極 ……………………………54

さくいん

誘電率 …………………………62
誘導電荷 ………………………34
誘導電界 ……………………34,36
誘導リアクタンス ……………133
容量リアクタンス ……………133

〈ら 行〉

ラプラシアン …………………32
ラプラスの方程式 ……………33
履歴現象 …………………65,115
レンツの法則 …………………119
ローレンツ力 …………………101

著者略歴

斉藤幸喜（さいとう・こうき）
　1985年　山梨大学工学部電子工学科卒業
　1990年　東京工業大学大学院理工学研究科博士課程修了
　　　　　工学博士
　現　在　帝京科学大学生命環境学部生命科学科准教授

宮代彰一（みやしろ・しょういち）
　1950年　京都大学理学部物理卒業
　1951年　㈱東芝（研究所ほか）
　1961年　理学博士（京都大学）
　1980年　千葉大学工学部客員教授兼務
　1983年　放送大学教授（神奈川学習センター所長）
　1990年　帝京科学大学理工学部電子情報科学科教授
　1996年　同大学定年退職

高橋　清（たかはし・きよし）
　1957年　東京工業大学理工学部電気工学科卒業
　1962年　東京工業大学大学院理工学研究科博士課程修了
　　　　　工学博士
　1964年　東京工業大学助教授
　1975年　東京工業大学教授
　現　在　東京工業大学名誉教授

新版　電磁気学の基礎　　Ⓒ 斉藤幸喜・宮代彰一・高橋　清　2008

1997年3月31日　第1版第1刷発行	【本書の無断転載を禁ず】
2007年9月30日　第1版第7刷発行	
2008年6月25日　新版第1刷発行	
2010年7月15日　新版第2刷発行	

著　　者　斉藤幸喜・宮代彰一・高橋　清
発 行 者　森北　博巳
発 行 所　森北出版株式会社
　　　　　東京都千代田区富士見 1-4-11（〒102-0071）
　　　　　電話 03-3265-8341／FAX 03-3264-8709
　　　　　http://www.morikita.co.jp/
　　　　　自然科学書協会・工学書協会　会員
　　　　　JCOPY ＜(社)出版者著作権管理機構　委託出版物＞

落丁・乱丁本はお取替え致します　　　印刷/壮光舎・製本/協栄製本

Printed in Japan/ISBN 978-4-627-73412-8

図書案内　森北出版

無線技術者のための電波法概説
電波法規がよくわかる！
相河　聡／著

菊判 ・ 176頁　定価 2520円　（税込）　ISBN978-4-627-73921-5

原文をやさしくかみ砕くことで，初学者にもわかりやすく解説．また，電波法の原文などを付録とし，実務者にも役に立つ．電波法だけでなく「電気通信事業法など電波法の関連法令」や「無線通信や電波の基礎技術」も学ぶことができる．

身近な例で学ぶ電波・光・周波数
電波の基礎から電波時計，地デジ，GPSまで
倉持内武・吉村和昭・安居院　猛／著

菊判 ・ 192頁　定価 2730円　（税込）　ISBN978-4-627-78341-6

目に見えない電波や周波数が実感できる面白くてためになる入門書．電波と光に関わる幅広い技術を「周波数制御」を軸に横断的に解説することで，電波と周波数の関わりがしっかり見えてくる．

わかりやすい情報交換工学
村上泰司／著

菊判 ・ 200頁　定価 2940円　（税込）　ISBN978-4-627-78471-0

豊富な数値例を織り交ぜ，回線交換，パケット交換などの基礎技術を詳しく述べたのち，ネットワーク設計に必須のトラヒック理論，待ち行列理論，信頼性理論を解説．終章では光IPネットワークと光パケット交換の最新技術を紹介する．

ディジタル通信の基礎
岡　育生／著

菊判 ・ 208頁　定価 2835円　（税込）　ISBN978-4-627-78591-5

最近の急速なディジタル化に即してアナログ通信の説明は省きディジタル通信に重点をおいたテキスト．ディジタル通信の基礎技術を体系的に修得することにより，基礎力とともに応用力が身につく．

定価は2009年12月現在のものです．現在の定価等は弊社HPをご覧下さい．

http://www.morikita.co.jp